Corrigenda und Zusätze

S. 27, Formel (22a): Statt fm lies fM

S. 53, Formel (21a): Statt m_1 lies m_2

S. 53, Formel (21b): Statt m_2 lies m_1

S. 73, 5. Z. v. u. und
S. 52, Fußnote [2]):

Für eine Rotationsbewegung verschwindet der Ausdruck § 2 (18b) bzw. § 5 (10a) in erster Näherung (auf der Rotationsachse). Die Korrekturen zweiter Näherung ergeben für einen nicht mitrotierenden Körper Anlaß zu einer Coriolis-artigen Kraft. – Hingegen nehmen alle Körper an einer Expansion der Wolke teil (s. § 6).

S. 89, 2. Absatz:

Die Lichtgeschwindigkeit c sollte in dieser Ritzschen Wellengleichung die als konstant angenommene Relativgeschwindigkeit zur Quelle bedeuten.

S. 96 Literaturergänzung:

Ch. Nordmann, Einstein und das Weltall, Stuttgart 1922 (Steht z. T. auf dem Standpunkt der Gravitationstheorie von P. Painlevé.)

Zu Teil II, § 4:

Eine allgemeine Herleitung der Invarianzeigenschaften unserer Mechanik aus der Lagrange-Funktion wird in unserer Arbeit „Das Poincarésche Relativitätsprinzip und die Mach-Einstein-Doktrin" gegeben, die demnächst erscheint (Rom 1972).

Zu Teil II, § 5:

Die Trägheitskräfte, die durch eine rotierende Kugelschale induziert werden, wurden von meinem Mitarbeiter Dr. E. Liebscher ausgerechnet.

Zu Teil II, § 6:

Mein Mitarbeiter Dr. E. Kreisel hat gezeigt, daß die kosmologische Expansion der Machschen Wolke direkt aus dem auf unsere Mechanik angewandten Virialsatz herleitbar ist.

Die Relativität der Trägheit

Die Relativität der Trägheit

von

Prof. Dr. HANS-JÜRGEN TREDER

AKADEMIE-VERLAG · BERLIN
1972

Erschienen im Akademie-Verlag GmbH, 108 Berlin, Leipziger Straße 3–4

Lizenznummer: 202 · 100/568/72
Umschlag: Rolf Kunze
Gesamtherstellung: VEB Druckerei „Thomas Müntzer“, 582 Bad Langensalza
Bestellnummer: 761 699 6 (5995) · Es 19 B 4, 18 B 1, 18 B 2
Printed in German Democratic Republic
19,50

Herrn Professor Dr. Dr. Gustav Hertz
zum 85. Geburtstag in Verehrung
zugeeignet.

Hans-Jürgen Treder

Vorwort

Anstoß zu den in dem vorliegenden kleinen Büchlein zusammengefaßten Untersuchungen über die Relativität der Trägheit, die sogenannte MACH-EINSTEIN-Doktrin und ihre Beziehungen zu den Relativitäts-Postulaten von MACH und POINCARÉ einerseits und zum EINSTEINschen allgemeinen Relativitätsprinzip andererseits waren einige scharf formulierte Fragen, die Professor GUSTAV HERTZ anläßlich seiner Herausgabe der Arbeiten von HEINRICH HERTZ[1]) an mich richtete. Professor HERTZ fragte mich nach den Beziehungen der Relativitätsprinzipien in der klassischen Elektrodynamik von WILHELM WEBER zu den Relativitätsforderungen in der Elektrodynamik bewegter Medien von HEINRICH HERTZ und über die Beziehungen beider zur relativistischen Elektrodynamik von EINSTEIN und MINKOWSKI. Ferner fragte Professor HERTZ nach den Beziehungen der Trägheitsinduktion gemäß WEBER, die auf Veranlassung von HELMHOLTZ Gegenstand der ersten experimentellen Untersuchungen von HEINRICH HERTZ war, zur Selbstinduktion der Trägheit in der Elektronentheorie von LORENTZ. Schließlich warf Professor HERTZ die Frage auf, ob und wie dieser Problemkomplex mit HEINRICH HERTZ' kräftefreier Mechanik zusammenhängt und welche Beziehungen diese zur EINSTEINschen allgemeinen Relativitätstheorie hat.

Ich konnte diese Fragen seinerzeit nur teilweise beantworten; sie führten mich zu der Beschäftigung mit der Geschichte der Relativitäts-Postulate von WEBER, RIEMANN und C. NEUMANN über HERTZ, MACH,

[1]) H. HERTZ, „Über sehr schnelle elektrische Schwingungen", eingeleitet und mit Anmerkungen versehen von Gustav HERTZ, Ostwalds Klassiker, Bd. 251, Leipzig 1971.

Poincaré und Lorentz bis zu Einstein und Weyl. Einige Ergebnisse meiner Untersuchungen trug ich in zwei Mitteilungen in der Klasse Physik und DAW vor. In den anschließenden Diskussionen ergaben sich unter besonderer Teilnahme von Professor Hertz die weiteren Fragen nach den Beziehungen der Relativität der Beschleunigung gemäß Mach und Poincaré zum allgemeinen Relativitätsprinzip Einsteins und besonders nach den Beziehungen des Einsteinschen Prinzips der Aquivalenz schwerer und träger Massen zu der Mach-Einsteinschen Doktrin von der Induktion der trägen Masse durch die Gravitationswirkung der fernen Massen des Kosmos; eine Doktrin, deren Analogie zu der Trägheitsinduktion gemäß Weber und Riemann erkennbar wurde.

Die vorliegende Schrift ist ein Versuch, diese Fragen im Zusammenhang so weit zu beantworten, wie es mir zur Zeit möglich ist.

Ich freue mich, sie Professor Gustav Hertz zueignen zu dürfen.

Potsdam-Babelsberg
Frühjahr 1972

Hans-Jürgen Treder

Dank

Den Babelsberger Kollegen und Mitarbeitern Drs. H. H. v. Borzeszkowski, R. John, E. Kreisel, D.-E. Liebscher und insbesondere meinem Freunde Otto Singer danke ich für ihre Diskussionen und Hilfen bei der Fertigstellung des Manuskripts, Frau V. Wever für ihre Mühewaltung bei der Niederschrift.

Inhaltsverzeichnis

EINLEITUNG

Relativität der Trägheit und Gravitationstheorie

Ziel der folgenden Abhandlung ist eine exakte mathematische Fassung des Prinzips der Relativität der Trägheit, nämlich des von A. Einstein im Anschluß an E. Mach (1871/1883) aufgestellten Prinzips, „daß die Trägheit in einer Art Wechselwirkung der Körper ihren Ursprung hat" (Einstein in seinem Brief an Mach vom 25. 6. 1913). Hierbei soll diese Wechselwirkung, wie Einstein es ebenfalls 1913 formulierte, eine spezielle Form der Gravitation sein. — Auf Grund der mathematischen Fassung dieser „Mach-Einstein-Doktrin" sollen dann exakt diejenigen dynamischen Konsequenzen hergeleitet werden, die Einstein aus dem Prinzip der Relativität der Trägheit gezogen hatte: Die Abhängigkeit der trägen Masse eines Körpers von den Massen in seiner Umgebung, die Induktion eines Trägheitswiderstandes durch eine beschleunigte Bewegung von Massen der Umgebung (einschließend das Prinzip der Relativität der translatorischen Beschleunigungen) und schließlich die Auflösung des mit dem Problem der Relativität der Rotation verbundenen „Machschen Paradoxons".[1])

---

1) Analoge Folgerungen aus Machs Prinzip der Relativität der Trägheit wie Einstein zogen bereits 1896 B. und J. Friedländer, jedoch mit teilweise phantastischer Überschätzung der quantitativ zu erwartenden Effekte. (B. Friedländer vermutete, daß die Trägheit der irdischen Körper wesentlich durch das Gravitationsfeld der Erde bedingt würde! Er verwechselte also Gravitationskraft und Gravitationspotential.) J. Friedländer forderte ein einheitliches Gesetz für Gravitation und Trägheit — ganz im Sinne der späteren Mach-Einstein-Doktrin. — Bekanntlich hatte bereits C. Huygens — im Gegensatz zu Newtons Ansicht einer dynamischen Absolutheit der Beschleunigungen — die Relativität aller Bewegungen gefordert (s. L. Lange 1886).

Bekanntlich sind die MACH-EINSTEIN-Doktrin — und damit auch ihre von EINSTEIN bemerkten dynamischen Konsequenzen — in der allgemeinen Relativitätstheorie tatsächlich nur andeutungsweise enthalten (besonders in den Effekten von H. THIRRING (1918)), Trägheitsbewegung und „Trägheits-Kompaß" sind in der allgemeinen Relativitätstheorie in der Hauptsache unabhängig von den gravitierenden Massen; sie werden durch die Gravitationswirkungen nur etwas modifiziert („Übermacht des Äthers über die Materie" gemäß H. WEYL). Daher konstatierte EINSTEIN 1918 — u. a. unter dem Eindruck von W. DE SITTERS (1917) Modell eines leeren Kosmos — die Unabhängigkeit der allgemeinen Relativitätstheorie vom MACHschen Prinzip und hob später — wie WEYL — den prinzipiellen Gegensatz der feldtheoretischen Grundlagen der allgemeinen Relativitätstheorie zur MACH-EINSTEIN-Doktrin hervor.[1]), [2]). Dennoch kam EINSTEIN immer wieder auf den Ideenkreis des MACHschen Prinzips zurück.[1])

M. E. hängt dieses negative Ergebnis der allgemeinen Relativitätstheorie damit zusammen, daß sie davon ausgeht, daß als nichtrelativistische Näherung aus ihr die NEWTONsche Gravitationsmechanik resultieren muß, die ihrerseits auf dem Prinzip der Absolutheit von Trägheit und Beschleunigung fußt. Eine mathematische Fassung der von MACH und EINSTEIN entwickelten Idee der Relativität der Trägheit wird also von einer Mechanik auszugehen haben, die grundsätzlich von der NEWTONschen Mechanik verschieden ist, indem sie eine Abhängigkeit der trägen Masse eines Körpers von den Gravitationspotentialen der anderen Körper enthält.

---

[1]) s. A. EINSTEIN, „Autobiographisches" (1949). S. aber auch „Relativistic theory of the non-symmetric field" (1954). S. ferner C. SEELIG, A. EINSTEIN, „Helle Zeit, — Dunkle Zeit" (1955) und hier insbesondere EINSTEINS Brief an Dr. MÜHSAM und die Mitteilungen von E. STRAUS über Ansätze (1944) zu einer Gravitationstheorie mit fernwirkendem Massen-Hintergrund. EINSTEIN glaubte, daß man in der Gravitationstheorie von H. HERTZ' Ansicht, daß es nur Nahwirkungen geben könne, abgehen müsse und wies hierbei auf das Problem hin, daß dann die Gravitationstheorie nicht mehr LORENTZ-kovariant sein kann.

[2]) Eine Darstellung der historischen Rolle des MACHschen Prinzips bei EINSTEINS Begründung der allgemeinen Relativitätstheorie gab H. HÖNL (1965). — Es ist auffällig, daß MACH die Beziehungen seiner Relativitäts-Postulate zur allgemeinen Relativitätstheorie nicht anerkennen wollte (s. MACHS Vorwort (1913) zu seinen „Prinzipien der physikalischen Optik" (1921)).

Eine solche Mechanik ist die 1861 von B. Riemann entwickelte Mechanik mit Wechselwirkungspotentialen, welche bilinear von den Relativgeschwindigkeiten der Körper abhängen. Bereits Riemann selbst (und später teilweise C. Neumann[3]) sowie (mit allgemeineren methodischen Bemerkungen) H. Poincaré haben gezeigt, daß diese Mechanik zu einem vom Newtonschen verschiedenen Begriff der trägen Masse (und der kinetischen Energie) führt, da die Trägheit eines Körpers nach Riemann wenigstens teilweise durch die Potentiale der Körper der Umgebung induziert wird. Riemann hatte ebenfalls gezeigt, daß diese induzierte Trägheitskraft nur von den Relativbeschleunigungen abhängt.

Die Riemannsche Mechanik entstand aus der analytischen Fassung der von W. Weber (1846) und Riemann (1858) angegebenen, von Relativgeschwindigkeit und Relativbeschleunigung abhängigen elektrodynamischen Kraftgesetze. Riemanns Dynamik war also historisch ein Teil der Galliei-invarianten Fernwirkungs-Elektrodynamik, die von Weber begründet worden war[1]).

Im Rahmen der Untersuchung der Eigenschaften dieser Elektrodynamik stieß Weber auf die Abhängigkeit der trägen Massen seiner „Elektronen" vom äußeren (elektrischen) Potential (nicht jedoch von der Selbstwechselwirkung, wie später in der Lorentz-Abrahamschen Elektronentheorie). Riemann hat dann diese Entdeckung zu seiner analytischen Mechanik ausgebaut, als deren Fundament er den erweiterten Satz von Lagrange formulierte (s. I, § 2).

Diese historische Verbindung der Riemannschen Mechanik mit Webers Fernwirkungs-Elektrodynamik ist wohl der Grund dafür, daß die Riemannsche Mechanik kaum behandelt worden ist. Als Riemanns

---

[1]) C. Neumanns Arbeiten (1867, 1868 und 1873) entstanden unabhängig von den noch unveröffentlichten Vorlesungen Riemanns. Neumann ging von dem Weberschen Potential aus, das aber dazu führt, daß die induzierte Trägheit keine skalare Größe mehr ist (s. I, § 3, II, § 3). — Neumanns potentialtheoretische Überlegungen zu Webers Potential enthalten einige Irrtümer, die schon durch Riemanns Ergebnisse implicite korrigiert waren. Insbesondere hat — wie M. v. Laue (1917) hervorhob — Webers Potential nichts mit einer endlichen Ausbreitungsgeschwindigkeit der Wirkung zu tun, wie es Neumann (und ihm folgend P. Gerber (1898) u. a.) annahmen.

[2]) Die erste Idee zu einer solchen Dynamik stammt von C. F. Gauss, der seinen Kollegen Weber und seinen und Webers Schüler Riemann auf die Möglichkeit geschwindigkeits- und beschleunigungsabhängiger Kräfte im Rahmen der Potentialtheorie hinwies.

aus Vorlesungen entstandenes Buch „Schwere, Elektricität und Magnetismus" 1875 von K. HATTENDORF postum ediert wurde, war WEBERS — seinerzeit einen bedeutenden Fortschritt darstellendes — elektrodynamisches Grundgesetz schon sehr umstritten. HELMHOLTZ (1870) und CLAUSIUS (1877) zeigten, daß die von WEBER geforderte Abhängigkeit des elektrodynamischen Potentials von den Relativgeschwindigkeiten nur unter sehr künstlichen Voraussetzungen allgemein durchführbar ist[1]). HELMHOLTZ hatte (1870) ferner gezeigt, daß mit WEBERS Potential die abstoßenden Kräfte zwischen gleichnamigen Ladungen zu neuen Singularitäten in der Dynamik führen, während eine reine Attraktion hingegen alle Singularitäten eliminiert. — Auch war zu dieser Zeit ja bereits MAXWELLS (implicite LORENTZ-invariante) Elektrodynamik entstanden und fand allmählich allgemeine Anerkennung.

Tatsächlich ist die Elektrodynamik das ungeeignetste Anwendungsgebiet der RIEMANNschen Mechanik. Die RIEMANNsche Massendefinition verlangt geradezu danach, das RIEMANNsche Potential als Gravitationspotential einzuführen, da die RIEMANNsche Definition der trägen Masse dann die Äquivalenz von schwerer und träger Masse impliziert (s. II, § 1).

Die Wechselwirkungspotentiale von WEBER und RIEMANN (hauptsächlich allerdings das WEBERsche Gravitationspotential, das zu keiner physikalisch akzeptablen Definition der induzierten trägen Masse führt (s. I, § 3 und II, §§ 1 und 3)), wurden tatsächlich seit 1872 (F. ZÖLLNER, F. TISSERAND) versuchsweise auf die Gravitation angewandt, indem einfach im himmelsmechanischen Einkörperproblem das NEWTONsche Gravitationspotential durch irgendeine Kombination der WEBER-RIEMANNschen Potentialausdrücke ersetzt wurde. Das Ziel dieser Bemühungen war die Erklärung der Perihelbewegung des Merkur, die durch geeignete WEBER-RIEMANNsche Potentiale auch ohne weiteres modellierbar ist. — In den Entstehungsjahren der allgemeinen Relativitätstheorie wurde die Einführung spezieller WEBER-RIEMANN-Potentiale in die Himmelsmechanik als konkurrierende Erklärung der EINSTEINschen allgemein-relativistischen Effekte vorgeschlagen.

[1]) Diese Schwierigkeiten beruhen einfach darauf, daß das elektrodynamische Grundgesetz tatsächlich durch die LORENTZ-Kraft gegeben ist. — Für eine historisch-kritische Darstellung s. E. WHITTAKER (1910) und H.-J. TREDER: „Helmholtzsche und relativistische Elektrodynamik", Gerlands Beiträge **79**, 101—120 (1970); „HELMHOLTZ' Elektrodynamik und die Beziehungen zwischen Kinematik, Dynamik und Feldtheorie". Wiss. Z. d. Humboldt-Univ. (1972).

Wir werden im Teil I die Grundlagen einer Himmelsmechanik mit WEBER-RIEMANNschem Gravitationspotential einleitend darstellen und hierbei untersuchen, inwieweit die vier Effekte EINSTEINS (die Perihelbewegung und die drei Lichteffekte) — und darüber hinaus die relativistische Himmelsmechanik überhaupt — mit Hilfe von WEBER-RIEMANNschen Gravitationspotentialen modelliert werden können. Das Ergebnis ist (I, § 2), daß eine Übereinstimmung mit der EINSTEINschen Theorie nur für $v^2 \ll c^2$, also für Körper möglich ist, die sich mit einer Geschwindigkeit bewegen, die sehr viel kleiner ist als die Lichtgeschwindigkeit. — Die RIEMANNsche Mechanik im Teil I zeigt aber explicite die Eigenschaften von Trägheit und kinetischer Energie (I, §§ 2, 3) auf, die es nahelegen, die RIEMANNsche Mechanik zur Modellierung der MACH-EINSTEIN-Doktrin zu benutzen.

Diese mathematische Modellierung und die Untersuchung ihrer Konsequenzen geschieht im Hauptteil II. Es wird gezeigt, daß für ein sehr großes Ensemble von N Teilchen (N = Teilchenzahl des Kosmos) der NEWTONsche Trägheitsterm aus der RIEMANNschen Mechanik eliminierbar ist, so daß dann die Trägheit eines Körpers durch die Gravitationswirkung aller anderen kosmischen Massen, in der Hauptsache also durch das mittlere Gravitationspotential des Kosmos, induziert wird (II, § 2). Das Gravitationspotential naher Körper vergrößert diese Trägheit im Sinne der EINSTEINschen Forderung etwas, und zwar direkt proportional zu ihren Gravitationsradien und umgekehrt proportional ihren Abständen (II, §§ 2, 3). Die Trägheit erweist sich somit als eine spezielle Gravitationswirkung (II, § 3).

Da in die RIEMANNsche Mechanik ohne NEWTONschen Trägheitsterm nur Relativbeschleunigungen eingehen, hat diese mathematische Formulierung der MACH-EINSTEIN-Doktrin unmittelbar die weiteren von EINSTEIN verlangten Konsequenzen und liefert insbesondere in Strenge das Prinzip der Relativität der translatorischen Beschleunigung (II, § 4) (und entspricht damit auch EINSTEINS allgemeinem Relativitätsprinzip). Die vollständige Induktion der trägen Massen durch das kollektive Gravitationspotential des Kosmos bedingt ferner (II, § 5), daß in einem sonst massenfreien Weltraum die (irgendwie kinematisch definierte) Rotation einer einzelnen Partikel dynamisch nicht mehr nachweisbar ist und daß insbesondere für einen Weltraum ohne weitere gravitierende Massen alle Trägheitskräfte an einem rotierenden Körper verschwinden. — Allgemein erweist sich die Abplattung eines rotierenden Flüssigkeitskörpers als Funktion des Gravitationspotentials des Kosmos.[1])

Ebenfalls als eine Funktion des Gravitationspotentials des Kosmos ergibt sich der Wert der Perihelbewegung der Planeten. Für einen Kosmos mit unendlich großem Gravitationspotential würden als Lösung des himmelsmechanischen Einkörperproblems in Strenge KEPLER-Ellipsen resultieren (II, § 2). — Wird gefordert, daß die lokale Trägheits-Induktion in der RIEMANNschen Mechanik mit MACH-EINSTEIN-Doktrin äquivalent ist mit der lokalen Trägheits-Induktion gemäß der allgemeinen Relativitätstheorie, so ergibt sich für die Perihelbewegung exakt der EINSTEINsche Wert (II, § 3).

Auf Grund der MACH-EINSTEIN-Doktrin verknüpft die RIEMANNsche Mechanik allgemein Dynamik und Himmelsmechanik mit der Kosmologie (II, §§ 5, 6). — Diese Verknüpfung macht ja den eigenen erkenntnistheoretischen Reiz des MACHschen Prinzip bzw. der MACH-EINSTEIN-Doktrin aus und ist eine der Ursachen für das Interesse am MACHschen Prinzip von EINSTEIN über A. S. EDDINGTON und E. A. MILNE bis W. HEISENBERG

Es muß aber betont werden, daß die hier zu begründende RIEMANNsche Mechanik mit MACH-EINSTEIN-Doktrin in ihrer vorliegenden Form eben eine reine Mechanik ist (mit den kosmologischen Konsequenzen der Herleitbarkeit eines Expansions-Kosmos (II, § 6)), die auf der GALILEI-Gruppe als kinematischer Gruppe fußt (s. hier auch den Anhang zu II). Daher ist ihre Stellung in der relativistischen Physik völlig offen, und es gibt insbesondere noch keinen Zugang zur Elektrodynamik und zur Optik.

Als reine Mechanik ist die RIEMANNsche Dynamik mit MACH-EINSTEIN-Doktrin trotz ihrer stark allgemein-relativistischen Züge (II, §§ 4, 5) noch keine Weiterentwicklung (oder gar ein Ersatz) der allgemeinen Relativitätstheorie (s. II, §§ 1 und 7). Ihr Beitrag zur allgemeinen Relativitätstheorie besteht zunächst vielmehr nur in dem Nachweis, daß es tatsächlich möglich ist, die MACH-EINSTEIN-Doktrin in ihrem strengen von EINSTEIN formulierten Sinn mathematisch zu modellieren (II, § 2) und hierauf dann eine in sich konsistente, die Relativität der Beschleunigungen ergebende Gravitationsdynamik auf-

---

[1]) Man beachte, daß das Potential wie $1/r$ geht und die gravitierende Masse für eine (im Mittel) konstante Dichte ϱ wie r^3 anwächst. Bei genügend großem Volumen überwiegt daher das gemittelte Kollektiv-Potential die lokalen Potentiale um jede gewünschte Größenordnung.

zubauen (II, §§ 4, 5), die eine korrekte Himmelsmechanik und auch eine sinnvolle Kosmologie liefert. — Als Hauptproblem bleibt, ob und wie es möglich ist, das Fundament der allgemeinen Relativitätstheorie so zu erweitern, daß sie die RIEMANNsche Mechanik mit MACH-EINSTEIN-Doktrin als einen Grenzfall enthält und damit eine ursprüngliche Intuition EINSTEINS verwirklicht.

Wie seinerzeit E. A. MILNE in der Einleitung zu seiner „Kinematic Relativity" (1948), so hoffe ich aber, daß die folgenden Untersuchungen über eine „trägheitslose" Mechanik erneut zeigen, welche tiefen und weitreichenden physikalischen Probleme auch heute noch in den Grundlagen der Dynamik enthalten sind. — Unabhängig von der physikalischen Bedeutung der MACH-EINSTEIN-Doktrin ist es als rein analytisch-mechanisches Problem von Interesse, die Eigenschaften einer Dynamik zu studieren (II, §§ 2, 4 und 5), in denen der Trägheitswiderstand ausschließlich der kollektive Effekt einer *Fremdinduktion* ist (und die so ein Gegenstück zur Elektronen-Dynamik bei M. ABRAHAM, H. A. LORENTZ und A. SOMMERFELD ist, in der sich die Trägheit durch *Selbstinduktion* ergibt (s. I, § 3).[1])

[1]) Im Anhang II sind diejenigen himmelsmechanischen und kosmogonischen Konsequenzen der MACH-EINSTEIN-Doktrin dargelegt, die experimentell prüfbare Aussagen enthalten, welche über die NEWTONsche und EINSTEINsche Dynamik hinausgehen. Es wird u. a. gezeigt, daß die MACH-EINSTEIN-Doktrin eine quantitative Theorie der säkularen Akzelerationen des Mondes und der Planeten liefert und hierbei ein experimentum crucis für oder gegen die MACH-EINSTEIN-Doktrin hergeleitet, das eine Entscheidung in absehbarer Zeit erlauben sollte.

Notiz zur Symbolik

Tiefgestellte Indices (z. B. v_α, P_a, r_{AB}, m_A) bedeuten Teilchennummern. Eine Summation über sie wird immer durch das Summenzeichen Σ verlangt. Ausgenommen sind die Formeln aus dem allgemein-relativistischen Tensor-Kalkül; in diesen sind alle Indices Tensor-Indices. Die hochgestellten Indices sind stets Vektor-Indices. Die lateinischen Vektor-(Tensor-)Indices sind räumliche Indices und laufen von 1 bis 3 (z. B. v^i, x^i), die griechischen sind raum-zeitliche und laufen von 0 bis 3 (z. B. u^ν, x^ν). Über gleiche Vektor-(Tensor-)Indices soll entsprechend der EINSTEINschen Summationskonvention summiert werden, z. B.:

$$v^i v^i = \sum_{i=1}^{3} v^i v^i = v^2 ;$$

$$u^\nu u^\nu = \sum_{\nu=0}^{3} u^\nu u^\nu = u^2 .$$

In den Ausdrücken aus dem Tensor-Kalkül wird allgemein die Symbolik entsprechend der von EINSTEIN eingeführten verwandt (s. A. EINSTEIN, „Grundzüge der Relativitätstheorie"). In der Schreibweise der Formeln aus der analytischen Mechanik folgen wir so weit möglich derjenigen in RIEMANNS klassischem Buch „Schwere, Elektrizität und Magnetismus". — f ist die NEWTONsche Gravitationskonstante; c die speziell-relativistische Vakuum-Lichtgeschwindigkeit.

Zur Frage der Modellierbarkeit der EINSTEINschen Effekte in GALILEI-invarianten Gravitationstheorien gemäß WEBER und RIEMANN

§ 1. *Die 4 Einsteinschen Effekte und die Newtonsche Gravitationstheorie*

Die allgemeine Relativitätstheorie EINSTEINS liefert für ein schwaches statisches Gravitationspotential

$$\frac{f\,M}{r} \ll c^2 \tag{1a}$$

und für kleine Relativgeschwindigkeiten

$$v^2 = (v^i)^2 \ll c^2 \tag{1b}$$

in 1. Näherung die NEWTONsche Himmelsmechanik. Abweichungen von den Aussagen der NEWTONschen Gravitationstheorie treten auf in zwei Fällen:

1. wenn für kleine Geschwindigkeiten v die 2. Näherung der EINSTEINschen Theorie berücksichtigt wird und
2. bereits in 1. Näherung, wenn die Bewegung von Partikeln untersucht wird, deren Geschwindigkeiten v mit der Lichtgeschwindigkeit c vergleichbar werden.

Der einzige empirisch gesicherte Effekt 2. Näherung mit (1b) (Planetenbewegung) ist die Perihelbewegung. Hingegen sind drei Gravitationseffekte 1. Näherung bekannt, bei denen (1a) aber

$$v \approx c \tag{2}$$

gilt. Diese Effekte beziehen sich auf die Bewegung des Lichtes, d. h. auf die Elektrodynamik im Gravitationsfeld.

Alle 4 EINSTEINschen Effekte sind herleitbar aus der Behandlung des Einkörperproblems in einem statischen kugelsymmetrischen Gravitationsfeld der Zentralmasse M (Sonnenmasse in der Himmelsmechanik, Erdmasse beim POUND-REBKA-Versuch) mit dem NEWTONschen

Gravitationspotential

$$-c^2 \Phi = \frac{-fM}{r} = \frac{-a}{r} c^2 \left(a = \text{Gravitationsradius} = \frac{fM}{c^2}\right). \tag{3}$$

Das Gravitationsfeld ist dann gegeben durch das SCHWARZSCHILDsche Linienelement

$$ds^2 = \frac{-1}{1 - \frac{2a}{r}} dr^2 - r^2 (d\psi^2 + \sin^2 \psi \, d\varphi^2) + \left(1 - \frac{2a}{r}\right) c^2 dt^2 . \tag{4}$$

In der strengen Form (4) wird das Linienelement aber nur für die Behandlung der Perihelbewegung benötigt. Für die Lichteffekte reicht die lineare Näherung

$$\begin{aligned} ds^2 &= -\left(1 + \frac{2a}{r}\right)(dx^{1^2} + dx^{2^2} + dx^{3^2}) + \left(1 - \frac{2a}{r}\right) c^2 dt^2 \\ &= -\left(1 + \frac{2a}{r}\right) dl^2 + \left(1 - \frac{2a}{r}\right) c^2 dt^2 \end{aligned} \tag{4a}$$

aus.

Das Bewegungsgesetz eines Probeteilchens (Planeten) im Gravitationsfeld folgt aus der dynamischen Gleichung für den Materie-Tensor T^ν_μ:

$$(\sqrt{-g}\, T^\nu_\mu)_{,\nu} - \frac{1}{2} \sqrt{-g}\, g_{\alpha\beta,\mu} T^{\alpha\beta} = 0 \quad (\mu, \nu = 0, 1, 2, 3) .$$

Aus dieser folgt für ein Massen-Monopol (punktförmiger Planet bei Vernachlässigung seiner Rotation) die Bewegung nach dem EINSTEINschen Trägheitsgesetz

$$m \frac{dx^\alpha_{;\lambda}}{ds} \frac{dx^\lambda}{ds} = m\, u^\alpha_{;\lambda} u^\lambda = 0 \tag{5}$$

mit der Normierung

$$u^\lambda u_\lambda = 1 , \tag{5a}$$

die die Existenz einer Ruhmasse ausdrückt. (5) und (5a) besagen, daß die Bewegung des Planeten längs einer zeitartigen Geodätischen erfolgt und somit das Extremalprinzip

$$\delta \int ds = \delta \int \sqrt{g_{\mu\nu} u^\mu u^\nu}\, ds = \delta \int L^2 ds = 0 \tag{6}$$

mit

$$L^2 = g_{\mu\nu} u^\mu u^\nu = 1 \tag{6a}$$

gilt. Für den Fall des SCHWARZSCHILDschen Linienelements (4) ist hier die Bewegung in einer Ebene $\psi = \frac{\pi}{2}$:

$$L^2 = -e^\lambda \left(\frac{dr}{ds}\right)^2 - r^2 \left(\frac{d\varphi}{ds}\right)^2 + e^\nu c^2 \left(\frac{dt}{ds}\right)^2 \tag{7}$$

mit

$$e^\lambda = -g_{rr} = \left(1 - \frac{2a}{r}\right)^{-1}, \quad e^\nu = g_{00} = 1 - \frac{2a}{r} = e^{-\lambda}. \tag{7a}$$

Mit der LAGRANGE-Funktion (7) ergeben sich die Erhaltung der relativen Energie des Planeten

$$\frac{1}{2} \frac{\partial L^2}{\partial \dot{t}} = e^\nu c^2 \frac{dt}{ds} = W = \text{const} \tag{8a}$$

und der Drehimpulssatz

$$-\frac{1}{2} \frac{\partial L^2}{\partial \dot{\varphi}} = r^2 \frac{d\varphi}{ds} = h^* = \text{const}\,. \tag{8b}$$

Zusammen mit der Normierungsbedingung (6a) und mit der neuen Variablen

$$u = r^{-1}, \quad u = u(\varphi), \quad u' = \frac{du}{d\varphi}$$

führt dies auf

$$u'^2 + u^2 (1 - 2au) + \frac{1 - \frac{W^2}{c^2} - 2au}{h^{*2}} = 0\,. \tag{9a}$$

Durch Differenzieren entsteht die endgültige Bewegungsgleichung

$$u'' + u = \frac{a}{h^{*2}} + 3au^2\,. \tag{9}$$

(9) läßt sich auf Grund der Annahmen (1a) und (1b) angenähert lösen. Die 1. Näherung führt zur KEPLER-Ellipse

$$u = \frac{a}{h^{*2}} (1 + \varepsilon \cos\varphi); \quad \frac{a}{h^{*2}} = \frac{1}{p}\,, \tag{10a}$$

und mit (10a) erhält man aus (9) als Integral 2. Näherung

$$u = \frac{a}{h^{*2}}\left(1 + \varepsilon \cos\left\{\varphi\left[1 - \frac{3\,a^2}{h^{*2}}\right]\right\}\right). \tag{10}$$

(10) beschreibt eine KEPLER-Bewegung mit zusätzlicher Drehung des Perihels:

$$R = \frac{P}{1 - e^2} = \text{große Halbachse},$$

$$\delta\varphi = 3 \cdot \frac{2\,\pi\,f\,M}{R\,(1 - e^2)\,c^2} = 3\,\Omega\,, \qquad e = \varepsilon\,R\,. \tag{11}$$

Die Fortpflanzung des Lichtes im Gravitationsfeld wird bestimmt durch die allgemein-kovariante Form der MAXWELLschen Gleichung in der Eikonalnäherung

$$g^{\mu\nu}\,S,_{\mu}\,S,_{\mu} \equiv g^{\mu\nu}\,\frac{\partial S}{\partial x^{\mu}}\,\frac{\partial S}{\partial x^{\nu}} = 0\,. \tag{12}$$

Die Eikonalgleichungen (12) besagen, daß sich die Lichtstrahlen wie Partikel mit verschwindender Ruhmasse bewegen, d. h., es gilt für die Lichtstrahlen das geodätische Bewegungsgesetz

$$\delta \int dS = 0 \tag{13a}$$

mit

$$dS = 0\,. \tag{13b}$$

Mit dem Linienelement (4a) bedeutet (13b) in der Näherung (1a)

$$\left(1 + \frac{a}{r}\right) dl = \left(1 - \frac{a}{r}\right) c\,dt\,. \tag{14}$$

Danach ist die effektive Lichtgeschwindigkeit v im Gravitationsfeld kleiner als im gravitationsfreien Raum:

$$v = \frac{dl}{dt} = \left(1 - \frac{2\,a}{r}\right) c = \left(1 - \frac{2\,f\,M}{c^2\,r}\right) c < c\,. \tag{14a}$$

Aus (13) folgen für die Bewegung des Lichtes der Energie- und der Drehimpulssatz und damit schließlich die Bewegungsgleichung

$$u'' + u = 3\,a\,u^2\,. \tag{15}$$

Mit (1a) und (1b) läßt sich (15) lösen. Die nullte Näherung ist die euklidische Gerade

$$u = \frac{1}{R} \cos \varphi \tag{16}$$

mit dem Perihel bei $r = R$. Die 1. Näherung beschreibt eine hyperbelähnliche Abweichung von der Geraden derart, daß für die Asymptoten gilt

$$x = R \pm 2 \frac{a}{R} y \,. \tag{16a}$$

(16a) bestimmt die Deflection des Lichtes durch das Gravitationsfeld der Masse M gemäß

$$\Delta\varphi = 4 \frac{a}{R} = 4 \frac{f\,M}{c^2\,R} \,. \tag{16b}$$

Der vierte elektrodynamische Effekt folgt einfach aus dem EINSTEINschen Äquivalenzprinzip. Gemäß dem allgemein-relativistischen Energiesatz ist im statischen Gravitationsfeld die Bewegungsenergie des Lichtes eine Konstante

$$\frac{h\,\nu}{c} = p_0 = c^2\, g_{00} \frac{dt}{ds} = \text{const} \,, \tag{17}$$

jedoch ändert sich der Uhrengang unter dem Einfluß der Gravitation. Denn das Eigenzeit-Differential $d\tau = ds/c$ ist für jedes lokale Ruhsystem gegeben durch

$$d\tau = \sqrt{g_{00}}\, dt = \left(1 - \frac{a}{r}\right) dt \,, \tag{18}$$

woraus eine Dilatation der Eigenperioden im Gravitationsfeld folgt:

$$\Delta\tau \approx \Delta t \left(1 - \frac{a}{r}\right) . \tag{18a}$$

Die Frequenzverschiebung ergibt sich dann daraus, daß an zwei Orten r_1 und r_2 mit verschiedenem Gravitationspotential die Frequenznormale verschieden definiert sind:

$$\frac{\Delta\tau_2}{\Delta\tau_1} = \frac{\nu_1}{\nu_2} = \frac{1 - \dfrac{a}{r_1}}{1 - \dfrac{a}{r_2}} = 1 - \frac{a}{r_1} + \frac{a}{r_2} \,, \tag{18b}$$

d. h. die Eigenfrequenz ν ist bei hohem Gravitationspotential $\frac{f\,M}{r}$ niedriger als bei niedrigerem.

Die dynamisch überraschendste Aussage der EINSTEINschen Theorie ist die Gleichung (14a) für die Lichtgeschwindigkeit. Nach ihr ist die effektive Lichtgeschwindigkeit v im Perihel am geringsten und im Aphel am größten. Betrachten wir den radialen Fall eines Körpers auf die Zentralmasse M, so folgt aus dem EINSTEINschen geodätischen Bewegungsgesetz

$$\frac{d^2r}{dt^2} = \frac{6\,a\,c^2}{2\,r\,(r-2\,a)}\left(\frac{dr}{dt}\right)^2 - \frac{a\,(r-2\,a)}{r^3}\,c^2 \,. \tag{19}$$

Aus (19) lesen wir mit HILBERT ab, daß der Körper durch das Gravitationsfeld so lange beschleunigt wird, wie

$$\left|\frac{dr}{dt}\right| < \frac{1}{\sqrt{3}}\left(c - \frac{2\,a}{r}\right) \tag{19a}$$

gilt, daß der Körper aber abgebremst wird, wenn gilt

$$\left|\frac{dr}{dt}\right| > \frac{1}{\sqrt{3}}\left(c - \frac{2\,a}{r}\right). \tag{19b}$$

Ein Lichtpartikel wird daher durch das Schwerefeld immer abgebremst. Für die Geschwindigkeit eines radial fallenden Partikels finden wir dementsprechend aus dem Energiesatz (8a) und der Normierung (5a):

$$\frac{dr}{dt} = c\left(1 - \frac{2\,a}{r}\right)\sqrt{1 - \frac{c^2}{W} + \frac{2\,a\,c^2}{r\,W^2}} \,, \tag{20a}$$

für ein lichtartiges Partikel hingegen

$$\frac{dr}{dt} = c\left(1 - \frac{2\,a}{r}\right). \tag{20b}$$

Ist die Teilchen-Geschwindigkeit im Unendlichen $v_\infty > \frac{c}{\sqrt{3}}$, so wird das Partikel durch die Zentralmasse ständig abgebremst.

Diese allgemeinen Aussagen der EINSTEINschen Theorie bleiben erhalten, wenn anstelle der allgemeinen Relativitätstheorie irgendwelche Modifikationen betrachtet werden. Damit der Anschluß an die NEWTONsche Himmelsmechanik unter den Bedingungen (1a) und (1b) bewahrt bleibt, kann an die Stelle des Linienelements (4a) nur das

Linienelement

$$ds^2 = -\left(1 + \frac{2\chi a}{r}\right) dl^2 + c^2 \left(1 - \frac{2a}{r}\right) dt^2 \tag{21}$$

treten. Hier ist χ eine numerische Konstante, für die aus allgemeinen physikalischen Gründen

$$\chi \geqq 0 \tag{21a}$$

gelten muß. Der Fall

$$\chi = 0 \tag{21b}$$

gilt in der ursprünglichen Theorie des statischen Gravitationsfeldes, wie sie EINSTEIN 1911 und ABRAHAM 1912 entwickelt hatten. Diese Theorie führt mit dem geodätischen Bewegungsgesetz auf eine Perihelbewegung

$$\delta\varphi = 2 \cdot \frac{2\pi f M}{c^2 R (1 - e^2)} = 2\,\Omega \tag{22a}$$

auf die Lichtgeschwindigkeit

$$v = c\left(1 - \frac{a}{r}\right) < c \tag{22b}$$

und auf die Lichtdeflection

$$\Delta\varphi = 2\frac{f M}{c^2 R}, \tag{22c}$$

während sich die Frequenzverschiebung nicht ändert.

Der Vergleich der relativistischen Gravitationstheorien mit der NEWTONschen Theorie wird dann möglich, wenn allgemein die Äquivalenz zwischen träger und schwerer Masse vorausgesetzt wird, so daß aus dem Einkörperproblem die Partikelmasse herausfällt. Die LAGRANGE-Funktion lautet:

$$L = \frac{1}{2} m \left(\dot{r}^2 + r^2 \dot{\varphi}^2\right) + \frac{f m M}{r}, \qquad m = \text{Partikelmasse}$$

$$\left(\dot{r} = \frac{dr}{dt}, \quad \dot{\varphi} = \frac{d\varphi}{dt}\right). \tag{23}$$

Es gelten der Drehimpulssatz

$$\frac{\partial L}{\partial \dot{\varphi}} = m r^2 \dot{\varphi} = m h = \text{const} \tag{23a}$$

und der Energiesatz

$$\frac{1}{2}\, m \left(\dot{r}^2 + r^2 \dot{\varphi}^2\right) - \frac{f\, m\, M}{r} = m\, w = \text{const}\,. \tag{23b}$$

Die Energie-Konstante W ist für die Planeten

$$W < 0 \tag{24a}$$

und für lichtartige Teilchen

$$m\, w = \frac{u}{2}\, c^2 > 0\,, \quad c = v_\infty\,. \tag{24b}$$

Hierbei ist $m = \mu$ jetzt die „Masse des Lichtpartikels“, die sich aber aus den Bewegungsgleichungen heraushebt. Für die Planeten folgt die KEPLER-Bewegung

$$u = \frac{f\, M}{h^2}\left(1 + \varepsilon \cos \varphi\right), \quad p = \frac{h^2}{f\, M}\,. \tag{25}$$

Die lichtartigen Partikel bewegen sich hingegen auf langgestreckten Hyperbeln. Da jetzt angenähert gilt

$$h \approx R^2 c^2\,, \quad \varepsilon^2 \approx \frac{c^4 R^2}{f^2 M^2} = \frac{R^2}{a^2}\,,$$

$$p \approx \frac{R^2}{a}\,, \quad \frac{\varepsilon}{p} \approx \frac{1}{R}\,, \tag{26a}$$

so wird eine solche Hyperbel in erster Näherung angenähert durch die Gerade

$$u = \frac{\varepsilon}{p} \cos \varphi \approx \frac{1}{R} \cos \varphi\,. \tag{26b}$$

Die Asymptoten der Hyperbeln sind dann gegeben durch

$$x = R \pm \frac{a}{R}\, y\,. \tag{26c}$$

Demnach erfährt nach der NEWTONschen Theorie das Licht eine Deflection durch das Schwerefeld, die durch

$$\Delta\varphi = 2\, \frac{f\, M}{c^2 R} \tag{27}$$

gegeben ist (SOLDNER 1801).

Auch nach der NEWTONschen Theorie ändert sich die Lichtgeschwindigkeit v im Gravitationsfeld und ferner leistet das Licht eine Arbeit gegenüber dem Gravitationspotential, deren Folge eine Linienverschiebung $\Delta\lambda/\lambda$ ist. Beide Effekte folgen hier aus dem Energiesatz

$$\frac{\mu}{2} v^2 - \mu \Phi c^2 = \frac{\mu}{2} c^2 , \tag{28}$$

wobei $c = v_\infty$ die Lichtgeschwindigkeit im Unendlichen ist. Da wiederum (1a) gilt, finden wir für die Lichtgeschwindigkeit

$$v = c \sqrt{1 + 2 \Phi} \approx c \left(1 + \frac{f M}{r c^2}\right) > c . \tag{29}$$

Für die Berechnung der Linienverschiebung steht in der nichtrelativistischen NEWTONschen Mechanik die PLANCK-EINSTEIN-DE BROGLIE-Relation zwischen Impuls und Wellenlänge λ zur Verfügung:

$$\mu v = \frac{h}{\lambda} , \quad \mu c = \frac{h}{\lambda_\infty} .$$

Es gilt also mit (29):

$$h \left(\frac{1}{\lambda} - \frac{1}{\lambda_\infty}\right) = \mu (v - c) = \mu \Phi c = \frac{h}{\lambda_\infty} \frac{f M}{r c^2} . \tag{30}$$

Der Ausdruck (30) für die Linienverschiebung ist, wie bekannt, identisch mit dem aus der EINSTEINschen Theorie. Denn er ist gleichwertig mit der Abnahme der lokalen Frequenznormale im Schwerefeld gemäß (18).

Hingegen besagt der NEWTONsche Ausdruck für die effektive Lichtgeschwindigkeit v den gegenteiligen Effekt wie bei EINSTEIN: Die Lichtgeschwindigkeit ist im Perihel am größten. — Dies ist in der NEWTONschen Theorie selbstverständlich, da im Perihel die potentielle Energie $-\mu \Phi c^2$ ihr Minimum und die kinetische Energie T ihr Maximum hat. — Die radioastronomische Bestimmung der Lichtgeschwindigkeit im Gravitationsfeld beweist nun eindeutig, daß das Licht entsprechend EINSTEIN abgebremst und nicht gemäß NEWTON beschleunigt wird. Will man also klassische Modelle für die EINSTEINschen Effekte angeben, so ist man genötigt, sich vom NEWTONschen Potential zu trennen und dieses durch ein Potential zu ersetzen, das bei kleinen Geschwindigkeiten $v^2 \ll c^2$ Beschleunigung, bei großen Geschwindigkeiten $v \approx c$ aber Abbremsung liefert. An die Stelle des NEWTONschen Potentials muß ein geschwindigkeitsabhängiges Potential treten.

§ 2. *Geschwindigkeitsabhängige Gravitationspotentiale*

Geschwindigkeitsabhängige Potentiale, wie sie im Paragraphen 1 gefordert worden sind, sind zunächst aus der speziellen Relativitätstheorie bekannt. Jedoch ist eine speziell-relativistische Gravitationstheorie theoretisch durch die Äquivalenz von Trägheit und Schwere auch für das Licht und experimentell durch die Existenz der EINSTEINschen Lichteffekte (insbesondere mit der durch die Radioastronomie nachgewiesenen Abhängigkeit der Lichtgeschwindigkeit vom Gravitationspotential) von vornherein ausgeschlossen. Schon M. ABRAHAM hat bemerkt, daß die spezielle Relativitätstheorie durch das Prinzip der Konstanz der Lichtgeschwindigkeit die Isotropie der Lichtausbreitung im Vakuum axiomatisch voraussetzt. Eine Abhängigkeit der Lichtgeschwindigkeit vom Gravitationsfeld verbietet demnach eine speziell-relativistische Gravitationstheorie[1]).

Die Konstanz der Lichtgeschwindigkeit ist in der speziellen Relativitätstheorie eine Folge davon, daß die LORENTZ-Gruppe die Isometrie-Gruppe der MINKOWSKIschen Raum-Zeit ist. Hingegen ist die Invarianz-Gruppe der NEWTONschen Gravitationsdynamik die GALILEI-Gruppe, und diese zeichnet keine Geschwindigkeit aus. In der Tat führt nach § 1 bereits die klassische NEWTONsche Theorie zu einer Abhängigkeit der Lichtgeschwindigkeit vom Gravitationsfeld. — Wir werden also eine GALILEI-invariante Gravitationstheorie mit geschwindigkeitsabhängigem Gravitationspotential zu der versuchten Modellierung der vier EINSTEINschen Effekte einzuführen haben.

Da die GALILEI-Gruppe keine Grenzgeschwindigkeit impliziert, werden wir annehmen, daß die Gravitation instantan wirksam wird (d. h. ihre Ausbreitungsgeschwindigkeit unendlich groß ist) und somit auch bei geschwindigkeitsabhängigem Potential eine Fernwirkung darstellt[2]).

[1]) Die ausgearbeiteten speziell-relativistischen Gravitationstheorien von G. MIE und G. NORDSTRÖM (1912) ergeben eine Perihelbewegung mit falschem Vorzeichen und aus ihnen folgen in der Tat die Konstanz der Lichtgeschwindigkeit und die geradlinige Fortpflanzung des Lichtes auch bei Vorliegen eines Gravitationsfeldes.

[2]) Grundsätzlich wäre es möglich, eine GALILEI-invariante Nahwirkungstheorie mit Wellengleichungen desjenigen Typs zu definieren, den W. RITZ in seiner ballistischen Lichttheorie vorgeschlagen hat. Die effektive Ausbreitungsgeschwindigkeit der Gravitation hängt dann von der Relativbewegung der Quelle zum Aufpunkt ab. Naturgemäß ist aber die Verbindung einer GALILEI-invarianten Potentialtheorie mit dem Fernwirkungsstandpunkt (s. II, § 7).

Auch das verallgemeinerte gravische Wechselwirkungspotential soll in bezug auf seine Koordinatenabhängigkeit die NEWTONsche Form haben:

$$U \sim \frac{1}{r}\,. \tag{1}$$

Jedoch soll der „Gewichtsfaktor“ von (1) geschwindigkeitsabhängig sein.[1])

Es bestehen zwei grundsätzlich verschiedene Möglichkeiten für die Einführung der Geschwindigkeitsabhängigkeit in die Wechselwirkungen:

1. Das Wechselwirkungspotential kann von den absoluten Geschwindigkeiten der Körper abhängen, so daß die LAGRANGE-Funktion z. B. lauten würde:

$$L = \sum_{A} \frac{m_A (v_A^i)^2}{2} + \sum_{A > B} \frac{f\, m_A\, m_B}{r_{AB}} + \\ + \frac{\gamma}{c^2} \sum_{A > B} \frac{f\, m_A\, m_B}{r_{AB}} (v_A^i\, v_B^i)\,, \tag{2}$$

wobei

$$v_A^i = \frac{dx_A^i}{dt} \tag{2a}$$

die Absolutgeschwindigkeiten der Massen sind. Das Wechselwirkungspotential

$$U = \sum_{A > B} \frac{f\, m_A\, m_B}{r_{AB}} \left(1 + \frac{\gamma}{c^2}\, v_A^i\, v_B^i\right) \tag{2b}$$

genügt der LAPLACE-Gleichung. (2b) könnten wir nach dem Vorbild der CLAUSIUSschen Elektrodynamik auch schreiben

$$U = \sum_{A > B} \left(m_A\, \Phi_B\, c^2 + \gamma \frac{v_A^i}{c} A_B^i\right)$$

mit

$$\Delta A_B^i = 4\pi f\, m_B \frac{v_B^i}{c} \delta\,(x^i - x_B^i)\,.$$

---

[1]) Die Bewegungsgleichungen bleiben damit Differentialgleichungen zweiter Ordnung und entsprechen so den beiden ersten NEWTONschen Axiomen (vgl. H. POINCARÉ, „Wissenschaft und Hypothese“).

Hier ist A^i dann ein gravisches Vektorpotential. — Von den Absolutgeschwindigkeiten abhängige Wechselwirkungspotentiale wurden im Anschluß an eine allgemeine Diskussion bei HELMHOLTZ durch CLAUSIUS in die Fernwirkungstheorie eingeführt. Wir werden sie im folgenden CLAUSIUSsche Potentiale nennen.

2. Wir können mit W. WEBER (1846) und R. RIEMANN (1858) fordern, daß das Wechselwirkungspotential GALILEI-invariant ist und damit nur von den Relativgeschwindigkeiten abhängt. Eine allgemeine Form eines solchen Wechselwirkungspotentials wäre (im Zweikörperproblem)

$$L = \frac{m_1(v_1^i)^2}{2} + \frac{m_2(v_2^i)^2}{2} + \frac{f\, m_1\, m_2}{r_{12}} + \frac{\psi}{r_{12}}\left(\frac{(x_1^i - x_2^i)}{r_{12}}, v_{12}^i\right) \quad (3)$$

mit den Relativgeschwindigkeiten

$$v_{12}^i = v_1^i - v_2^i = \frac{d}{dt}(x_1^i - x_2^i)\,. \quad (3\text{a})$$

Im Gegensatz zu (3) ist eine Dynamik (2) mit CLAUSIUSschem Potential nicht GALILEI-invariant. Das Potential ändert sich bei einem Übergang von einem Inertialsystem Σ zu einem anderen Σ', das mit der Geschwindigkeit V^i gegen Σ bewegt ist:

$$U' - U = \sum_{A > B} \frac{f\, m_A\, m_B}{r_{AB}} \frac{\gamma}{c^2} (v_A^i V^i + v_B^i V^i + V^i V^i)\,. \quad (4)$$

Damit ist aber der Satz von der Erhaltung der Bewegung des Massenmittelpunktes und somit das NEWTONsche Gegenwirkungs-Axiom gebrochen. — [Über den physikalischen Sinn der Einführung von c als dimensionierte Konstante siehe unten. γ ist eine reine Zahl.]

Für die Erfüllung des NEWTONschen Gegenwirkungs-Axioms ist die GALILEI-Invarianz des Wechselwirkungspotentials U notwendig. U darf daher nur von den relativen Koordinaten

$$x_{AB}^i = x_A^i - x_B^i \quad (5\text{a})$$

und den relativen Geschwindigkeiten

$$v_{AB}^i = v_A^i - v_B^i = \frac{d}{dt}(x_A^i - x_B^i) \quad (5\text{b})$$

abhängen:

$$U = U(x_{AB}^i, v_{AB}^i) = \frac{\psi}{r_{AB}}\left(\frac{x_{AB}^i}{r_{AB}^i}, v_{AB}^i\right). \quad (5)$$

In der Tat ergeben sich dann für die Ableitungen der LAGRANGE-Funktion nach den Koordinaten

$$\frac{\partial U}{\partial x_A^i} = \sum_{B \neq A} \frac{\partial U}{\partial x_{AB}^i} = \sum_{B \neq A} \frac{\partial L}{\partial x_{AB}^i}$$

mit

$$\frac{\partial L}{\partial x_{AB}^i} = -\frac{\partial L}{\partial x_{BA}^i} = \frac{\partial U}{\partial x_{AB}^i} = -\frac{\partial U}{\partial x_{BA}^i} \tag{6a}$$

und für diejenigen nach den Geschwindigkeiten

$$\frac{\partial U}{\partial v_A^i} = \sum_{B \neq A} \frac{\partial U}{\partial v_{AB}^i} \quad \text{mit} \quad \frac{\partial U}{\partial v_{AB}^i} = -\frac{\partial U}{\partial v_{BA}^i}. \tag{6b}$$

Aus den LAGRANGEschen Bewegungsgleichungen folgt somit durch Summation

$$\sum_A \frac{d}{dt} \frac{\partial L}{\partial v_A^i} = \frac{d}{dt} \sum_A m_A v_A^i + \frac{d}{dt} \sum_A \frac{\partial U}{\partial v_A^i} = \frac{d}{dt} \sum_A m_A v_A^i = 0\,, \tag{6c}$$

d. h., sowohl der kanonische Gesamtimpuls

$$\sum_A \frac{\partial L}{\partial v_A^i}$$

als auch der gesamte kinetische Impuls

$$\sum_A m_A v_A^i$$

sind konstant gegenüber der Wirkung der inneren Kräfte. Das NEWTONsche Gegenwirkungsprinzip ist erfüllt.

Hängt hingegen das Wechselwirkungspotential außer von den relativen Koordinaten (5a) noch von den absoluten Geschwindigkeiten v_A^i ab:

$$U = U(x_{AB}^i, v_A^i)\,, \tag{7}$$

so gilt entsprechend dem Gegenwirkungsaxiom

$$\frac{\partial L}{\partial x_{AB}^i} = -\frac{\partial L}{\partial x_{BA}^i}\,, \tag{7a}$$

aber es gilt auch

$$\frac{\partial U}{\partial v_A^i} = \frac{1}{2} \sum_B \frac{\partial U}{\partial (v_A^i - v_B^i)} + \frac{1}{2} \sum_B \frac{\partial U}{\partial (v_A^i + v_B^i)}\,, \tag{7b}$$

so daß im allgemeinen Falle die LAGRANGEsche Bewegungsgleichung

$$\frac{d}{dt} \sum_A m_A v_A^i = -\frac{d}{dt} \sum_A \frac{\partial U}{\partial v_A^i} \neq 0 \tag{7c}$$

liefert. Daher ist das Gegenwirkungsprinzip im Falle der CLAUSIUSschen Potentiale im allgemeinen gebrochen.[1])

Da die Himmelsmechanik das Gegenwirkungsaxiom, d. h. die Konstanz der internen Impulse, voraussetzt, ist eine Himmelsmechanik mit CLAUSIUSschem Potential nicht möglich; wir haben also WEBER-RIEMANNsche Potentiale einzuführen und damit anzunehmen, daß das Gravitationspotential nur von den Relativgeschwindigkeiten abhängt.[2])

Die Art der Geschwindigkeitsabhängigkeit von U ergibt sich zunächst aus der Bemerkung, daß eine lineare Abhängigkeit

$$\sum_{A>B} \frac{\partial U}{\partial v^i_{AB}} v^i_{AB} = U$$

nach LAPLACE so klein sein müßte, daß sie zu keinem himmelsmechanisch nachweisbaren Effekt führen kann. Eine lineare Abhängigkeit wird aber auch durch den Energiesatz a priori ausgeschlossen (HELMHOLTZ 1870).

Eine bilineare Abhängigkeit steht hingegen in Übereinstimmung mit dem Energiesatz, wenn das Wechselwirkungspotential durch den Ausdruck

$$\begin{aligned} U &= \sum_{A>B} \left(\frac{f\, m_A\, m_B}{r_{AB}} + \frac{f\, m_A\, m_B}{c^2\, r_{AB}} [\alpha\, \dot{r}^2_{AB} + \beta\, v^i_{AB}\, v^i_{AB}] \right) \\ &= P + D. \end{aligned}$$

$$\left(P = - \sum_{A>B} \frac{f\, m_A\, m_B}{r_{AB}} \right) \tag{8}$$

gegeben ist. In (8) sind

$$\dot{r}_{AB} = \frac{dr_{AB}}{dt} = \frac{x^k_{AB}}{r_{AB}} v^k_{AB} \tag{8a}$$

die Relativgeschwindigkeiten; α und β sind numerische Konstanten. Die potentielle Energie für das Zweikörperproblem mit den Massen m_1

---

[1]) Dies hat speziell für (2) zuerst POINCARÉ (1890) festgestellt.

[2]) Auch die LORENTZ-Gruppe der speziellen Relativitätstheorie führt bekanntlich zu einer Modifikation (d. i. Brechung der strengen NEWTONschen Fassung) des Gegenwirkungs-Axioms, die sich aus der äquivalenten trägen Masse des die Wechselwirkung vermittelnden Feldes herleitet. (POINCARÉ 1900, EINSTEIN 1906; Vgl. H.-J. TREDER, „Poincarés Relativität der Beschleunigung und die MACH-EINSTEIN-Doktrin", Mber. Dtsch. Akad. Wiss. Berlin **13** (1971).

und m_2 lautet dann (s. in (11)):

$$V = P + D = -\frac{f\, m_1\, m_2}{r_{12}} \left(1 - \frac{\alpha}{c^2}\, \dot{r}^2 - \frac{\beta}{c^2}\, v^i\, v^i\right). \tag{8b}$$

In (8) und (8b) ist c eine aus Dimensionsgründen einzuführende Konstante von der Dimension einer Geschwindigkeit, die als eine Invariante anzusehen ist. Wir werden c konventionell gleich der Vakuum-Lichtgeschwindigkeit setzen, worunter wir hier die Lichtgeschwindigkeit einer zum Beobachter relativ ruhenden Quelle verstehen. Wir bemerken aber, daß die Deutung von c als Lichtgeschwindigkeit zunächst keine physikalische Bedeutung hat. In der Tat bedeutet eine Änderung der Größe der Konstanten c weiter nichts als eine Umdefinition der numerischen Konstanten α und β, da ja nur die Kombinationen α/c^2 und β/c^2 in (8) und (8b) eingehen. — Es ist allerdings ein bemerkenswerter Tatbestand, daß, wenn die Konstante c als Lichtgeschwindigkeit eingeführt wird, die numerischen Konstanten die Größenordnung 1 bekommen.[1])

Wie $1/r$ genügt auch v^2/r der Laplace-Gleichung:

$$\Delta\left(\frac{v^2}{r}\right) = v^2\, \Delta\left(\frac{1}{r}\right) = 0\,.$$

Hingegen genügt wegen (8a) der Term

$$\frac{\dot{r}^2}{r} = \frac{(x^i\, v^i)^2}{r^3} \tag{9a}$$

einer Bi-Potentialgleichung (Riemann 1858) der Form

$$\Delta^2\left[\frac{(x^i\, v^i)^2}{r^3}\right] = \Delta^2\left[\frac{(x^i\, v^i)}{r^3}\, (x^l\, v^l)\right] = 0\,. \tag{9}$$

(s. auch II, § 3).

Mit der Lagrange-Funktion

$$L = T + U = \sum_A \frac{m_A}{2}\, (v_A^i) + \sum_{A>B} \frac{f\, m_A\, m_B}{r_{AB}}$$
$$+ \sum_{A>B} \frac{f\, m_A\, m_B}{c^2\, r_{AB}} (\alpha\, \dot{r}_{AB}^2 + \beta\, [v_{AB}^i]^2) \tag{10}$$

---

[1]) Ein physikalisches Verständnis dieses — wegen der Struktur des Ausdrucks (8) zu erwartenden — Sachverhalts ist aus einer rein potentialtheoretischen Behandlung natürlich nicht zu gewinnen. Eine Begründung ergibt sich aber aus der Mach-Einstein-Doktrin (s. II).

folgt entsprechend einer von RIEMANN angegebenen Erweiterung des Satzes von LAGRANGE der Energiesatz in der Form

$$E = \sum_A \frac{m_A}{2} (v_A^i)^2 - \sum_{A>B} \frac{f\, m_A\, m_B}{r_{AB}}$$

$$+ \sum_{A>B} \frac{f\, m_A\, m_B}{r_{AB}\, c^2} (\alpha\, \dot{r}_{AB}^2 + \beta\, [v_{AB}^i]^2)$$

$$= T + V = T - P + D = \text{const}\,. \tag{11}$$

In der Tat — bilden wir die EULER-LAGRANGEschen Gleichungen zu (10):

$$m_A \frac{d}{dt} v_A^i + \frac{d}{dt} \frac{\partial U}{\partial v_A^i} = \frac{\partial U}{\partial x_A^i}\,, \tag{12}$$

multiplizieren (12) mit der Geschwindigkeit v_A^i und summieren über alle Teilchen P_A, so erhalten wir

$$\sum_A \left[m_A (v_A^i)^2 + v_A^i \frac{\partial U}{\partial v_A^i} \right]$$

$$= \sum_A v_A^i \frac{\partial U}{\partial x_A^i} + \sum_A \dot{v}_A^i \frac{\partial U}{\partial v_A^i} + \sum_A \dot{v}_A^i\, m_A\, v_A^i$$

$$= \sum_A \left[v_A^i \frac{\partial L}{\partial x_A^i} + \dot{v}_A^i \frac{\partial L}{\partial v_A^i} \right]. \tag{13}$$

Da (8) eine homogene Funktion zweiten Grades in den Geschwindigkeiten v_A^i ist, gilt

$$\frac{1}{2} \sum_A v_A^i \frac{\partial U}{\partial v_A^i} = \sum_{A \neq B} \frac{f\, m_A\, m_B}{r_{AB}\, c^2} (\alpha\, \dot{r}_{AB}^2 + \beta\, [v_{AB}^i]^2)\,. \tag{14}$$

Die rechte Seite von (13) ist ersichtlich das vollständige Differential $U + \sum_A \frac{m_A}{2} (v_A^i)^2$. Daher ergibt (13) mit (14)

$$2 \frac{d}{dt} \left[\sum \frac{m_A}{2} (v_A^i)^2 + \sum_{A>B} \frac{f\, m_A\, m_B}{c^2\, r_{AB}} (\alpha\, \dot{r}_{AB}^2 + \beta [v_{AB}^i]^2) \right.$$

$$= \frac{d}{dt} (T + U)\,, \tag{15a}$$

woraus folgt

$$\frac{d}{dt}\left\{\sum_A \frac{m_A [v_A^i]^2}{2} + \sum_{A>B} \frac{f\, m_A\, m_B}{r_{AB}\, c^2} (\alpha\, \dot{r}_{AB}^2 + \beta\, v_{AB}^2) - \right.$$

$$\left. - \sum_{A>B} \frac{f\, m_A\, m_B}{r_{AB}}\right\} = \frac{d}{dt}(T + D - P)$$

$$= \frac{d}{dt}(T + V) = \frac{d}{dt} H = 0\,. \qquad (15)$$

Das Bemerkenswerte hierbei ist, daß mit einem in den Geschwindigkeiten bilinearen Wechselwirkungspotential zur LAGRANGE-Funktion

$$L = \sum_A \frac{m_A}{2} v_A^2 + \sum_{A>B} \frac{f\, m_A\, m_B}{r_{AB}\, c^2} (\alpha\, \dot{r}_{AB}^2 + \beta\, v_{AB}^2) + \sum_{A>B} \frac{f\, m_A\, m_B}{r_{AB}} \qquad (16a)$$

die HAMILTON-Funktion

$$H = \sum_A \frac{m_A}{2} v_A^2 + \sum_{A>B} \frac{f\, m_A\, m_B}{r_{AB}\, c^2} (\alpha\, \dot{r}_{AB}^2 + \beta\, v_{AB}^2) -$$

$$- \sum_{A>B} \frac{f\, m_A\, m_B}{r_{AB}} = \sum_A v_A^i \frac{\partial L}{\partial v_A^i} - L \qquad (16b)$$

gehört. Der geschwindigkeitsabhängige Potentialanteil

$$D = \sum_{A>B} \frac{f\, m_A\, m_B}{r_{AB}\, c^2} (\alpha\, \dot{r}_{AB}^2 + \beta\, v_{AB}^2) \qquad (16c)$$

verhält sich im Energiesatz (11) und im HAMILTON-Formalismus wie eine zusätzliche kinetische Energie (s. auch I, § 3 und II, § 1).

Die LAGRANGE-Funktion (16a) hängt für $\alpha \neq 0$ anisotrop von den Geschwindigkeiten ab, indem dann die Radialgeschwindigkeiten $\dot{r}_{AB}$ vor den transversalen Geschwindigkeiten ausgezeichnet sind. Ferner führt (16a) zu einer Verallgemeinerung des Drehimpulssatzes, da (16c) auch von den Winkelgeschwindigkeiten abhängt (s. u.). Beides zusammen führt dazu, daß mit der LAGRANGE-Funktion (16a) in speziellen Fällen die Möglichkeit besteht, daß ein Körper sich beschleunigt bewegt, ohne daß sich hierbei seine kinetische Energie (d. h. der Betrag seiner Geschwindigkeit) ändert.

Die Möglichkeit, daß das Potential (8) zusätzlich auch noch von höheren Potenzen der Relativgeschwindigkeiten abhängt, läßt sich analytisch nicht begründen. Denn der erweiterte Satz von LAGRANGE und damit der Energiesatz (11) und der seine Interpretation ermöglichende Zusammenhang (16) zwischen Lagrange- und Hamilton-Funktion beruhen auf der Bilinearität der Geschwindigkeitsabhängigkeit des Wechselwirkungspotentials. — Es sei auch bemerkt, daß die additive Einführung von Termen, die stärker als bilinear von den v^i_{AB} abhängen, unter den Voraussetzungen aus § 1 zu keinen nachweisbaren himmelsmechanischen Effekten führt und auch bei den entscheidenden Lichteffekten nur eine Umdefinition der Konstante mit sich bringt (s. u.).

Wir beschränken uns jetzt, wie im § 1, auf das Einkörperproblem und bemerken, daß auch nach der erweiterten Lagrange-Funktion die Bewegungen zweier Körper in einer Ebene erfolgen. Die Lagrange-Funktion (16a) für das Zweikörperproblem lautet dann

$$L = \frac{m_1 (v_1^i)^2}{2} + \frac{m_2 (v_2^i)^2}{2} + \frac{f\, m_1\, m_2}{r_{12}} \left(1 + \frac{\alpha}{c^2} \dot{r}_{12}^2 + \frac{\beta}{c^2} (v_{12}^i)^2\right) \tag{17}$$

mit dem Energie-Integral

$$H = E = \frac{m_1 (v_1^i)^2}{2} + \frac{m_2 (v_2^i)^2}{2} - \frac{f\, m_1\, m_2}{r_{12}} \left(1 - \frac{\alpha}{c^2} \dot{r}_{12}^2 - \frac{\beta}{c^2} (v_{12}^i)^2\right). \tag{18}$$

Indem wir zum Einkörperproblem übergehen, setzen wir $m_1 = M$ als Zentralmasse und $m_2 = m \ll M$ als Probemasse ein und können dann (entsprechend der Galilei-Invarianz) den Zentralkörper als ruhend annehmen:

$$v_2^i - v_1^i = v_2^i = v = \frac{dx_2^i}{dt} = \frac{dx^i}{dt} \,. \tag{19}$$

Die Lagrange-Funktion lautet nun:

$$\begin{aligned} L &= \frac{m}{2} v^2 — \frac{f\, m\, M}{r} \left(1 + \frac{\alpha}{c^2} \dot{r}^2 + \frac{\beta}{c^2} v^2\right) = \\ &= \frac{m}{2} (\dot{r}^2 + r^2 \dot{\varphi}^2) + \frac{f\, m\, M}{r} + \frac{f\, m\, M}{r\, c^2} (\alpha\, \dot{r}^2 + \beta\, [\dot{r}^2 + r^2 \dot{\varphi}^2]) \end{aligned} \tag{20}$$

und das Energie-Integral ist:

$$\begin{aligned} E &= \frac{m}{2} v^2 - \frac{f\, m\, M}{r} \left(1 - \frac{\alpha}{c_2} \dot{r}^2 - \frac{\beta}{c^2} v^2\right) = \\ &= \frac{m}{2} (\dot{r}^2 + r^2 \dot{\varphi}^2) - \frac{f\, m\, M}{r} + \frac{f\, m\, M}{r\, c^2} (\alpha\, \dot{r}^2 + \beta\, [\dot{r}^2 + r^2 \dot{\varphi}^2]) \,. \end{aligned} \tag{20a}$$

Aus (20) folgt der Drehimpulssatz

$$\frac{\partial L}{\partial \dot{\varphi}} = m\, r^2 \left(1 + \frac{2\,\beta}{c^2} \frac{f\, M}{r}\right) \dot{\varphi} = m\, h = \text{const}\,. \tag{20b}$$

Das Energie-Integral ist für Planeten

$$E = m\, w < 0 \tag{21a}$$

und für lichtartige Partikeln

$$E = \mu\, w = \frac{\mu}{2} c^2 > 0\,. \tag{21b}$$

Wir behandeln die Bewegungen unter den Voraussetzungen

$$\frac{f\, m}{r} \ll c^2 \tag{22a}$$

und fordern bei Planetenbewegung

$$v^2 \ll c^2\,, \tag{22b}$$

hingegen bei Lichtbewegung

$$|v^2 - c^2| \ll 1\,. \tag{22c}$$

Indem wir mit dem Drehimpuls-Integral (20b) in das Energie-Integral eingehen, finden wir mit $u = r^{-1}$

$$\frac{1}{2}(u'^2 + u^2) - f\, M\, h^{-2}\, u + \frac{f\, M}{c^2} \alpha\, u\, u'^2 - \frac{f\, M}{c^2} \beta\, u\, (u'^2 + u^2) = w\, h^{-2}\,. \tag{23}$$

Einmaliges Differenzieren von (23) gibt

$$u'' + u - f\, M\, h^{-2} + \frac{f\, M\, \alpha}{c^2}(u'^2 + 2\, u\, u'') - \frac{f\, M}{c^2} \beta\, (3\, u^2 + 2\, u\, u'' + u'^2) = 0\,. \tag{24}$$

Für Planetenbewegungen ist die 1. Näherung von (24) wieder die KEPLER-Bewegung

$$u = \frac{f\, M}{h^2}(1 + \varepsilon \cos \varphi) \tag{25}$$

mit

$$u'' + u = f\, M\, h^{-2} \tag{25a}$$

und

$$u'^2 + u^2 = 2\,f\,M\,h^{-2}\,u + 2\,w\,h^{-2}\,. \tag{25b}$$

Gehen wir hiermit in (24) ein, so erhalten wir als 2. Näherung die Gleichung

$$u'' + \left[1 + 4\,(\alpha - \beta)\,\frac{h^{-2}}{c^2}\,f^2\,M^2\right] u = f\,M\,h^{-2} + 3\,\alpha\,\frac{f\,M}{c^2}\,u^2\,. \tag{26}$$

Ihr Integral ist in derselben Näherung

$$u = \frac{f\,M}{h^2}\left[1 + \varepsilon\cos\varphi\left\{1 - \frac{f^2\,M^2}{h^2\,c^2}\,(\alpha + 2\,\beta)\right\}\right], \tag{27}$$

definiert also eine KEPLER-Ellipse mit zusätzlicher Perihel-Bewegung

$$\delta\varphi = (\alpha + 2\,\beta)\,2\,\pi\,\frac{f^2\,M^2}{h^2\,c^2} = (\alpha + 2\,\beta)\,\Omega\,. \tag{28}$$

Für das Licht ist entsprechend (26) die 1. Näherung von (24) die Bewegung auf einer euklidischen Geraden

$$u = \frac{f}{R}\cos\varphi \qquad (h \approx R\,c) \tag{29}$$

mit

$$u'' + u = 0 \tag{29a}$$

und

$$u'^2 + u^2 = c^2\,h^{-2}\,. \tag{29b}$$

Gehen wir mit (29) in (24) ein, so erhalten wir als Bewegungsgleichung 2. Näherung

$$u'' + u = f\,M\,h^{-2}\,(1 - \alpha + \beta) + \frac{3\,\alpha}{c^2}\,f\,M\,u^2\,. \tag{30}$$

Die rechte Seite von (30) setzt sich aus einem Term vom SOLDNERschen Typ

$$f\,M\,h^{-2}\,(1 - \alpha + \beta) \tag{30a}$$

und einem Term vom EINSTEIN-Typ

$$\frac{3\,\alpha}{c^2}\,f\,M\,u^2 \tag{30b}$$

zusammen. In der 2. Näherung resultiert daher eine langgestreckte Hyperbel, für deren Asymptoten die Gleichung

$$x = R \pm (1 + \alpha + \beta)\,\frac{f\,M}{c^2\,R}\,y \tag{31a}$$

gilt. Es resultiert somit eine Lichtablenkung im Schwerefeld, die durch

$$\Delta\varphi = (1 + \alpha + \beta)\,\frac{2\,f\,M}{c^2\,R} \tag{31b}$$

gegeben ist.

Die beiden übrigen Lichteffekte folgen wieder aus dem Energiesatz d. h. aus (20a). Es reicht aus, den Energiesatz auf die radiale Fallbewegung

$$\dot{r} = v, \quad \dot{\varphi} = 0$$

anzuwenden:

$$\frac{m}{2}\,v^2 = \frac{m\,V^2}{2} + m\,\Phi\,c^2\left(1 - \frac{v^2}{c^2}\gamma\right) \quad \text{mit } \gamma = \alpha + \beta,$$
$$\Phi = \frac{f\,M}{r\,c^2}. \tag{32}$$

In (32) ist

$$\frac{m}{2}\,V^2 = \frac{m}{2}\,v_\infty^2 \tag{32a}$$

die kinetische Energie der Partikel im Unendlichen. Für das Licht gilt also insbesondere

$$\frac{\mu}{2}\,V^2 = \frac{\mu}{2}\,v_\infty^2 = \frac{\mu}{2}\,c^2\,. \tag{32b}$$

Wir lesen aus (32) zunächst ab, daß für $\gamma > 0$ das Gravitationsfeld das radial bewegte Teilchen beschleunigt oder abbremst, je nachdem, ob

$$v^2 < c^2\,\gamma^{-1} \tag{33a}$$

oder

$$v^2 > c^2\,\gamma^{-1} \tag{33b}$$

gilt.

Es gilt nun $\Phi \approx 1$, so daß für eine Lichtpartikel die effektive Lichtgeschwindigkeit $v = dr/dt$ nur wenig von der Geschwindigkeit im Unendlichen differiert. Daher folgt aus (32) für eine Lichtpartikel die effektive Lichtgeschwindigkeit zu

$$v \approx c\,(1 + [1 - \gamma]\,\Phi)\,. \tag{34}$$

Die Linienverschiebung im Gravitationsfeld ergibt sich aus (34) wie in der NEWTONschen Potentialtheorie auf Grund der PLANCK-EINSTEIN-DE BROGLIE-Relation zu

$$h\left(\frac{1}{\lambda}-\frac{1}{\lambda_\infty}\right)=\mu\,(v-c)=\mu\,c\,\Phi\,[1-\gamma]=\frac{h}{\lambda_\infty}\,[1-\gamma]\,\Phi\,, \tag{35}$$

die Linienverschiebung beträgt also

$$-\frac{\Delta\lambda}{\lambda}=\Phi\,(1-\gamma)\,. \tag{36}$$

$-(\Delta\lambda/\lambda)_0=\Phi$ ist die NEWTON-EINSTEINsche Linienverschiebung aus § 1, daher ist die Linienverschiebung mit dem WEBER-RIEMANNschen Potential durch

$$\frac{\Delta\lambda}{\lambda}=\left(\frac{\Delta\lambda}{\lambda}\right)_0(1-\gamma) \tag{37}$$

gegeben. Je nachdem, ob

$$\gamma \gtreqless 0$$

ist, wird also die Linienverschiebung kleiner, gleich oder größer als der NEWTON-EINSTEINsche Wert $(\Delta\lambda/\lambda)_0$.

Wir erkennen, daß auch bei einem WEBER-RIEMANNschen Potential Lichtgeschwindigkeitsänderung und Linienverschiebung im entgegengesetzten Sinne verlaufen, wenn es sich darum handelt, die EINSTEINschen Lichteffekte zu modellieren. Damit in Übereinstimmung mit der EINSTEINschen Theorie die effektive Lichtgeschwindigkeit v im Gravitationsfeld kleiner als c wird, muß

$$\gamma > 1 \tag{38a}$$

gelten. Damit bekommt aber die Linienverschiebung ein anderes Vorzeichen als in der EINSTEINschen Theorie:

$$\frac{\Delta\lambda}{\lambda}=-(\gamma-1)\left(\frac{\Delta\lambda}{\lambda}\right)_0\,. \tag{38b}$$

Den korrekten NEWTON-EINSTEINschen Wert für die Linienverschiebung bekommen wir gerade dann, wenn

$$\gamma = 0 \tag{38c}$$

gilt und somit das Licht entsprechend NEWTON-SOLDNER durch das Gravitationsfeld beschleunigt wird.

Würden wir zum RIEMANN-WEBERschen Potential noch Terme addieren, die von höheren Potenzen der Geschwindigkeiten v^i oder $\dot{r}$ abhängen, so hätte dies auf den Ausdruck für die Perihelbewegung natürlich keinen Einfluß, weil diese Terme auf Grund der Voraussetzung $v^2 \ll c^2$ zu vernachlässigen sind. In dem Energiesatz (32) tritt jetzt einfach an die Stelle des WEBER-RIEMANNschen Potentials das erweiterte Potential $\tilde{\varphi}$. Wir finden damit für die Lichtgeschwindigkeit

$$v \approx c\,(1 + \tilde{\varphi}) \tag{39a}$$

und für die Linienverschiebung

$$-\frac{\Delta\lambda}{\lambda} \approx \tilde{\varphi}\,, \tag{39b}$$

so daß auch hier wieder Lichtgeschwindigkeitsänderung und Linienverschiebung durch den Zusatzterm zum NEWTONschen Potential im entgegengesetzten Sinne korrigiert werden.

§ 3. Spezielle Weber-Riemann-Potentiale und Webers induzierte Trägheit

Den Vorschlag, anstelle des NEWTONschen ein WEBERsches oder RIEMANNsches Potential in die Himmelsmechanik einzuführen, wurde direkt im Anschluß an WEBERS und RIEMANNS Arbeiten zur elektrodynamischen Fernwirkungstheorie von F. ZÖLLNER und F. TISSERAND (1872) gemacht. TISSERAND schlug bereits vor, die von U. LEVERRIER (1846) nachgewiesene Perihelbewegung des Merkur (d. h. den NEWTONisch nicht erklärbaren Rest der astronomisch nachgewiesenen Perihelbewegung als Folge der Geschwindigkeitsabhängigkeit des Gravitationspotentials zu deuten. In den folgenden Jahrzehnten bis zur Aufstellung der Relativitätstheorie und auch in den Diskussionen über die Notwendigkeit der EINSTEINschen Theorie wurden verschiedene Potentiale vom WEBER-RIEMANNschen Typ diskutiert. Ein Interesse für eine Gravitationstheorie mit WEBER-RIEMANNschem Potential bestand vor allem in Deutschland und in Frankreich. Von den deutschen Autoren sind besonders noch zu nennen: C. NEUMANN, P. GERBER,

H. v. SEELIGER und S. OPPENHEIM; von den Franzosen M. LÉVY, P. PAINLEVÉ und C. NORDMANN[1]).

Das allgemeine WEBER-RIEMANN-Potential V/m mit

$$V = P + D = -\frac{f M}{r}\left(1 - \alpha \frac{\dot{r}^2}{c^2} - \beta \frac{v^2}{c^2}\right) \tag{1}$$

besteht aus einem NEWTONschen Anteil

$$-\frac{f M}{r} \quad \text{mit} \quad \Delta\left(\frac{f M}{r}\right) = 0 , \tag{1a}$$

einem von den relativen Radialgeschwindigkeiten abhängenden WEBERschen Anteil

$$\alpha \frac{f M}{c^2 r} \dot{r}^2 \quad \text{mit} \quad \Delta^2\left(\frac{f M}{c^2 r} \dot{r}^2\right) = 0 \tag{1b}$$

und einem von dem Betrag der Relativgeschwindigkeiten abhängenden RIEMANNschen Anteil

$$\beta \frac{f M}{c^2 r} \quad \text{mit} \quad \Delta\left(\frac{f M}{c^2 r} v^2\right) = 0 . \tag{1c}$$

Das Potential (1) enthält zwei unabhängige Konstanten α und β, die so zu wählen sind, daß zwei EINSTEINsche Effekte modelliert werden. Wir entnehmen aus § 2, daß die Perihelbewegung durch die Konstanten-Kombination

$$\alpha + 2\beta \tag{2}$$

bestimmt wird, während alle drei Lichteffekte von ein und derselben Konstanten-Kombination

$$\gamma \equiv \alpha + \beta \tag{3}$$

abhängen.

---

[1]) Während der Entstehungsjahre der allgemeinen Relativitätstheorie wurden Gravitationstheorien vom WEBER-RIEMANNschen Typ als konkurrierende Theorien vorgeschlagen, am ausführlichsten von P. PAINLEVÉ (1921/22). – In der deutschen Literatur wurde dies auf zum Teil sehr unsachliche Weise u. a. von E. GEHRKE und P. LENARD versucht. Diese Autoren propagieren besonders das GERBERsche Gravitationspotential (s. u.) zusammen mit der SOLDNERschen Herleitung der Lichtablenkung in der NEWTONschen Theorie. (Tatsächlich schließen sich aber die GERBERschen und die SOLDNERschen Werte gegenseitig aus (s. u.).) – Die Position von GEHRKE und LENARD wurde besonders von M. v. LAUE und von H. v. SEELIGER sowie von D. HILBERT einer Kritik unterzogen.

Der EINSTEINsche Wert für die Perihelbewegung wird modelliert, wenn α und β so gewählt werden, daß gilt

$$\alpha + 2\beta = 3\,. \tag{4}$$

Der EINSTEINsche Wert für die Lichtablenkung würde verlangen

$$\gamma = 1\,, \tag{5a}$$

der EINSTEINsche Wert für die Lichtgeschwindigkeit

$$\gamma = 3 \tag{5b}$$

und der EINSTEINsche Wert für die Linienverschiebung

$$\gamma = 0\,. \tag{5c}$$

Demnach gibt es unendlich viele Möglichkeiten, die Perihelbewegung zu modellieren, und unabhängig hiervon ist noch ein Lichteffekt modellierbar. Hierbei wird gemäß den Bemerkungen in § 2 eine Modellierung des EINSTEINschen Gesetzes für die Lichtgeschwindigkeit immer zu einem dem Sinne nach falschen Gang der Frequenzverschiebung führen und umgekehrt.

Wir bemerken weiter, daß für den Fall, daß für kleine Gravitationspotentiale und kleine Geschwindigkeiten

$$\frac{f\,M}{r} \ll c^2\,, \qquad v^2 \ll c^2 \tag{6}$$

die LAGRANGE-Funktion (§ 1, (7)) der SCHWARZSCHILDschen Metrik termweise identisch ist mit einem Potential (1), dessen Konstanten gemäß $\alpha = \beta = 1$, d. h.:

$$V = -\,\frac{f\,M\,m}{r}\left(1 - \frac{\dot r^2}{c^2} - \frac{v^2}{c^2}\right) \tag{7}$$

gewählt sind. Diese Identität besteht aber nur für kleine Geschwindigkeiten. (5) liefert für $v \approx c$ von EINSTEIN abweichende Werte für alle drei Lichteffekte:

$$\Delta\varphi = \frac{3}{2}\,(\Delta\varphi)_{\text{EINSTEIN}}\,, \tag{7a}$$

$$v = c\left(1 - \frac{f\,M}{r\,c^2}\right) \tag{7b}$$

und

$$\frac{\Delta\lambda}{\lambda_\infty} = +\frac{f\,M}{c^2\,r} = -\left(\frac{\Delta\lambda}{\lambda_\infty}\right)_{\text{EINSTEIN-NEWTON}}. \tag{7c}$$

Das Potential von LÉVY entspricht der Konstantenwahl

$$\alpha + \beta = 1\,, \quad \alpha + 2\beta = 3\,, \quad \text{d. i.} \quad \alpha = -1\,, \quad \beta = 2 \tag{8}$$

und modelliert Perihelbewegung

$$\delta\varphi = 3\,\Omega = (\delta\varphi)_{\text{EINSTEIN}} \tag{8a}$$

und Lichtablenkung

$$\Delta\varphi = \frac{4\,f\,M}{c^2\,R} = (\Delta\varphi)_{\text{EINSTEIN}}\ . \tag{8b}$$

Hingegen bleibt die Lichtgeschwindigkeit konstant:

$$v = c\,(1 + [1 - \alpha - \beta]\,\Phi) = c, \tag{8c}$$

und es gibt keine Linienverschiebung

$$\frac{\Delta\lambda}{\lambda_\infty}\ . \tag{8d}$$

LÉVYS Potential ist also das Beispiel einer „wattlosen" Wirkung des Gravitationspotentials[1]).

Die Konstantenwahl

$$\alpha = 3\,, \qquad \beta = 0 \tag{9}$$

ergibt GERBERS Gravitationspotential. GERBERS Potential (1898) modelliert die Perihelbewegung

$$\delta\varphi = \frac{6\,\pi\,f\,M}{R\,(1 - c^2)\,c^2} = 3\,\Omega \tag{9a}$$

und den Gang der Lichtgeschwindigkeit

$$v = c\,(1 - 2\,\Phi)\ . \tag{9c}$$

Hingegen liefert es für die Lichtablenkung

$$\delta\varphi = 8\,\frac{f\,M}{R\,c^2} = 2\,\delta\varphi_{\text{EINSTEIN}} \tag{9b}$$

und für die Linienverschiebung

$$-\frac{\Delta\lambda}{\lambda_\infty} = 2\left(\frac{\Delta\lambda}{\lambda_\infty}\right)_{\text{NEWTON-EINSTEIN}}. \tag{9d}$$

[1]) Da um 1920 mit ausreichender Sicherheit nur Perihelbewegung und Lichtablenkung nachgewiesen waren, während die Existenz einer Rotverschiebung umstritten war und der Geschwindigkeitseffekt noch außerhalb jeder Diskussion stand, betrachteten PAINLEVÉ und NORDMANN die Einführung von LÉVYS (1890) Potential als möglichen Ersatz für EINSTEINS Gravitationstheorie.

Schließlich läßt sich das Potential auch noch so eichen, daß sich für alle Lichteffekte die NEWTON-SOLDNERschen Werte ergeben und somit der korrekte EINSTEINsche Wert für die Linienverschiebung: Dies entspricht der Konstantenwahl

$$\gamma = \alpha + \beta = 0\,, \qquad \alpha + 2\beta = 3 \leftrightarrow \alpha = -\beta = -3\,. \tag{10a}$$

Dies gibt ein Potential mit

$$V = -\frac{f\,Mm}{r}\left(1 + \frac{3\,\dot r^2}{c^2} - \frac{3\,v^2}{c^2}\right). \tag{10}$$

(10) ist insofern interessant, als es eine EINSTEINsche Himmelsmechanik mit einer NEWTONschen Gravitations-Optik verbindet.

Die jede klassische Modellierung der EINSTEINschen Lichteffekte ausschließende Gegenläufigkeit der Modellierung des Linienverschiebungs- und des Lichtgeschwindigkeits-Effektes beruht auf dem Energiesatz für Lichtpartikeln

$$\frac{\mu\,v^2}{2} = \frac{\mu\,c^2}{2} + \frac{\mu\,f}{r\,c^2}(1-\gamma)\,, \tag{11}$$

wobei dann für den Impuls des Photons die PLANCK-EINSTEIN-DE BROGLIE-Relation

$$\mu\,v = \frac{h}{\lambda} = \mu\,c\,(1 + [1-\gamma]\,\Phi) \tag{12}$$

angesetzt wird. Dieser Ansatz impliziert ersichtlich die Vorstellung, daß die „Masse der Lichtpartikel" unabhängig vom äußeren Gravitationspotential ist.

Nun gilt gemäß § 2 mit einem GALILEI-invarianten Gravitationspotential (1) der erweiterte LAGRANGEsche Satz, nach dem zur LAGRANGE-Funktion des Einkörperproblems ($m \ll M$)

$$L = \frac{m}{2}v^2 + \frac{f\,m\,M}{c^2\,r}(\alpha\,\dot r^2 + \beta\,v^2) + \frac{f\,m\,M}{r} \tag{13a}$$

die HAMILTON-Funktion

$$H = \frac{m}{2}v^2 + \frac{f\,m\,M}{c^2\,r}(\alpha\,\dot r^2 + \beta\,v^2) - \frac{f\,m\,M}{r} = \text{const} \tag{13b}$$

gehört, so daß sich im kanonischen Formalismus

$$T^* = T + D = \frac{m}{2}\left(v^2 + \frac{2\,f\,M}{c^2\,r}\,[\alpha\,\dot r^2 + \beta\,v^2]\right) \tag{14}$$

als kinetische Energie und nur der NEWTONsche Anteil des Potentials (1) als potentielle Energie transformiert. Sieht man (14) als die effektive kinetische Energie des Teilchens m im Einkörperproblem an, so folgt hieraus die Abhängigkeit seiner effektiven trägen Masse vom Gravitationspotential (s. u.). — (Eine strenge Herleitung der effektiven trägen Massen für das N-Körper-Problem wird in II, § 2 gegeben.)

Schon im Rahmen der Fernwirkungs-Elektrodynamik hatten WEBER und C. NEUMANN vorgeschlagen, den Term

$$T^* = T + D = \frac{m}{2} v^2 - \frac{e\,Q}{c^2\,r} (\alpha\,\dot{r}^2 + \beta\,v^2) \tag{15}$$

in der LAGRANGE-Funktion des Einkörperproblems als kinetische Energie des „Elektrons" aufzufassen. AMPÈREsches Gesetz und Induktionsgesetz folgen dann, wenn

$$\alpha + \beta = \frac{1}{2} \tag{16}$$

gewählt wird (HELMHOLTZ 1870). — Diese Interpretation scheiterte aber gemäß HELMHOLTZ an der Nichtuniversalität der elektrodynamischen Wechselwirkung, bei der insbesondere die aus (15) folgende induzierte träge Masse zwei Vorzeichen hat. Das bei gleichnamigen Ladungen auftretende negative Vorzeichen führt zu Singularitäten von v an Punkten $r > 0$. — Die Angabe von experimentellen Grenzen dieser Masseninduktion war Gegenstand der ersten Arbeiten von H. HERTZ (1881) in HELMHOLTZ' Institut (s. G. HERTZ, „Heinrich Hertz, Leben und Werk", 1971).

Die Gravitation ist hingegen eine universelle Attraktionskraft, und die induzierte kinetische Energie besitzt immer ein positives Vorzeichen, wenn $\alpha > 0$ und $\beta > 0$ gewählt sind. Fassen wir daher mit NEUMANN und POINCARÉ (14) als effektive kinetische Energie des Teilchens im Einkörperproblem auf, so hat auch die induzierte Trägheit nur ein positives Vorzeichen. — Bereits für $\gamma < 0$ wird durch diese Trägheitsinduktion das Singulärwerden der Geschwindigkeit bei einer Radialbewegung verhindert:

$$\frac{1}{2} m\,\dot{r}^2 + \frac{\gamma\,f\,m\,M\,\dot{r}^2}{c^2\,r} - \frac{f\,m\,M}{r} = E \leftrightarrow \dot{r}^2 = \frac{\frac{E}{m} + \frac{f\,M}{r}}{\frac{1}{2} + \frac{\gamma\,f\,M}{c^2\,r}} \,. \tag{17}$$

— Die Definition (14) für die kinetische Energie enthält einen Hinweis auf die MACH-EINSTEIN-Doktrin; sie wird in II, §§ 2 und 3 weiter diskutiert werden.

Bei radialer Bewegung ergibt sich im Einkörperproblem aus (14) als effektive träge Masse gemäß WEBER und RIEMANN

$$m^* = m\left(1 + 2\gamma\,\frac{f\,M}{c^2\,r}\right); \tag{18}$$

sie gehört zu einer effektiven kinetischen Energie

$$T^* = \frac{m}{2}\left(1 + 2\gamma\,\frac{f\,M}{c^2\,r}\right)v^2\,. \tag{19}$$

Mit (18) und § 2 (34) erhalten wir als Impuls einer Lichtpartikel ihren kanonischen Impuls

$$\begin{aligned}\frac{\partial L}{\partial v} &= \mu^*\,v \approx \mu\,(1 + 2\gamma\,\Phi)\,c\,(1 + [1-\gamma]\,\Phi)\\ &\approx u\,c\,(1 + [1+\gamma]\,\Phi)\,.\end{aligned} \tag{20}$$

Damit folgt aus der PLANCK-EINSTEIN-DE BROGLIE-Relation:

$$h\left(\frac{1}{\lambda} - \frac{1}{\lambda_\infty}\right) = \frac{h}{\lambda_\infty}\,\Phi\,(1+\gamma)\,, \tag{21}$$

so daß sich anstelle von § 2, (36), (37) für die Linienverschiebung

$$\frac{\Delta\lambda}{\lambda} = -\,\Phi\,(1+\gamma) = (1+\gamma)\left(\frac{\Delta\lambda}{\lambda}\right)_{\text{NEWTON-EINSTEIN}}$$

ergibt, d. h., die Korrektur zum NEWTON-EINSTEINschen Wert bekommt ein anderes Vorzeichen als in § 2.

Für den Fall des reinen RIEMANN-Potentials ($\alpha = 0$) schreiben sich die Bewegungsgleichungen des Einkörperproblems $m \ll M$ mit (18):

$$m^*\,\dot{v}^i = \frac{2\,\beta\,f}{c^2}\,m\,M\,\frac{x^k\,v^k}{r^3}\,v^i - \frac{f\,m\,M}{r^3}\left(1 + \frac{\beta}{c^2}\,v^2\right)x^i\,. \tag{22}$$

Hingegen haben wir im Falle des allgemeinen WEBER-RIEMANNschen Potentials zu unterscheiden zwischen einer radialen und einer transversalen trägen Masse (s. II § 3). Für eine Radialbewegung finden wir

$$\begin{aligned}&\frac{m\,d}{dt}\left[\left(1 + 2\,\frac{\alpha+\beta}{c^2\,r}\,f\,M\right)\dot{r}\right] = \frac{\partial}{\partial r}\left[\frac{f\,m\,M}{r}\left(1 + \frac{\alpha+\beta}{c^2}\,\dot{r}^2\right)\right]\\ &\leftrightarrow m\left(1 + 2\,\frac{\alpha+\beta}{c^2\,r}\,f\,M\right)\ddot{r} = -(\alpha+\beta)\,\frac{f\,m\,M}{c^2\,r^2}\,\dot{r}^2 - \frac{f\,m\,M}{r^2}\end{aligned} \tag{23a}$$

nämlich und für eine transversale Bewegung

$$m\left(1+\frac{2\beta}{c^2 r} f M\right)\dot{v}^a = -\frac{f m M}{r^3}\left(1+\frac{\beta}{c^2} v^2\right) x^a . \tag{23b}$$

Die durch das WEBER-RIEMANNsche Potential gegebene Unterscheidung von longitudinaler und transversaler träger Masse hat eine Analogie zu derselben Unterscheidung in der vorrelativistischen Theorie der Feldmasse des Elektrons bei ABRAHAM und LORENTZ.

Zwischen ABRAHAMS Deutung der trägen Masse des Elektrons als Folge der Trägheit der Energie des Eigenfeldes des Elektrons einerseits und dem WEBER-RIEMANNschen Trägheitsprinzip (und seiner radikalen Anwendung in der MACH-EINSTEIN-Doktrin (Teil II, § 2)) andererseits besteht aber ein prinzipieller Unterschied. Gemäß ABRAHAM und LORENTZ ist die träge Masse eine Folge der „Selbstinduktion“; gemäß WEBER und RIEMANN bzw. MACH und EINSTEIN ist die träge Masse hingegen das Ergebnis einer Induktion durch die äußeren Quellen (s. Teil II, § 3).

Mit der von NEUMANN und von POINCARÉ vorgeschlagenen Deutung von m^* und T^* als träge Masse bzw. als kinetische Energie haben wir aber den Rahmen der klassischen Physik bereits weit überschritten und uns auf einen Gedankenkreis zubewegt, der Grundprobleme der allgemeinen Relativitätstheorie enthält.

TEIL II

RIEMANNsche Mechanik und MACH-EINSTEIN-Doktrin

§ 1. *Äquivalenz, allgemeine Relativität und Machsches Prinzip*

Die durch die Eötvös-Versuche in aller Schärfe verifizierte Äquivalenz von träger Masse $m^* = m_{\text{Inertial}}$ und schwerer Masse m_{Grav} (passiver schwerer Masse):

$$m^* = m_{\text{Grav}} = m$$

wurde von EINSTEIN konstruktiv zum Äquivalenzprinzip verschärft, gemäß dem die lokalen Wirkungen von Trägheit und Schwere für alle physikalischen Prozesse ununterscheidbar sind.

In der allgemeinen Relativitätstheorie wird diese Äquivalenz gemäß EINSTEIN dadurch erfaßt, daß die Wirkung von Trägheit und Schwere auf alle physikalischen Prozesse durch die vierdimensionale allgemeinkovariante Schreibung der kanonischen dynamischen Gleichungen für die Materie und die Materiefelder dargestellt wird. Trägheit und Schwere werden repräsentiert durch den metrischen Tensor $g_{\mu\nu}$ einer RIEMANNschen Raum-Zeit-Welt V_4, und an die Stelle der NEWTONschen Gravitation tritt die Abhängigkeit dieser metrischen Struktur der V_4 von der Materie entsprechend den EINSTEINschen Gravitationsgleichungen

$$R_{\mu\nu} - \frac{1}{2} g_{\mu\nu} R + \lambda g_{\mu\nu} = - \frac{8\pi f}{c^4} T_{\mu\nu}. \tag{1}$$

Die EINSTEINsche Gravitations-Dynamik ist somit eine reine Trägheits-Dynamik, in der diejenigen physikalischen Vorgänge, die allein unter dem Einfluß der Gravitation stattfinden, kräftefrei sind[1]), jedoch

[1]) Hiermit erfüllt die EINSTEINsche Gravitations-Dynamik für die NEWTONsche Gravitationskraft das von H. HERTZ in seiner „Mechanik" entwickelte Programm der Elimination aller Kräfte.

in einer V_4 ablaufen, deren Metrik $g_{\mu\nu}$ entsprechend den EINSTEINschen Gleichungen (1) durch die Materie mitbestimmt wird. Grenz- und Anschlußbedingungen für die Metrik legen dann zusammen mit (1) die $g_{\mu\nu}$ bis auf Koordinatentransformationen der allgemeinen EINSTEIN-Gruppe eindeutig fest. Verschiedene Koordinatensysteme führen zu transformierten Metriken

$$g'_{\varkappa\beta}(x'^{\lambda}) = \frac{\partial x^{\mu}}{\partial x'^{\alpha}} \frac{\partial x^{\nu}}{\partial x'^{\beta}} g_{\mu\nu}(x^{\lambda}) \tag{2}$$

und entsprechen unterschiedlichen Bezugssystemen (EINSTEINs Kovarianzprinzip).

Die allgemeine Relativitätstheorie deutet also das Äquivalenzprinzip dadurch, daß sie die Gravitation als Kraftfeld eliminiert und somit alle Gravitationswirkungen als Trägheitswirkungen deutet. — Die komplementäre Möglichkeit zu dieser Deutung des Äquivalenzprinzips ist die MACHsche Auffassung, die die Trägheit als Gravitationswirkung interpretieren möchte und in die ursprüngliche Entwicklung der allgemeinen Relativitätstheorie als MACH-EINSTEIN-Doktrin eingegangen ist (s. u.).

MACH bemerkte zunächst, daß *kinematisch* Geschwindigkeit und Beschleunigung nur durch Bezug auf als ruhend bzw. als unbeschleunigt angenommene Körper definierbar sind. In der Himmelsmechanik ist dieses kinematische Bezugssyszem ganz allgemein der Kosmos (der Fixsternhimmel zur Zeit von MACH, nach den heutigen Vorstellungen die Metagalaxis). — MACH verlangte dann aber, daß diese *kinematische Relativität* auch für die *Dynamik* gilt. Wegen der GALILEI-Invarianz der NEWTONschen Mechanik ist dies bezüglich aller Geschwindigkeiten von selbst erfüllt. MACHs Prinzip verlangt aber zusätzlich die *dynamische Relativität*, d. h. die Relativität der Beschleunigung.

Betrachten wir in der NEWTONschen Mechanik die Wechselwirkung zweier beliebiger Körper K_1 und K_2 mit den Massen m_1 und m_2, auf die beliebige äußere Kräfte F_1^i und F_2^i einwirken sollen; ferner möge der Körper K_1 auf den Körper K_2 mit der Kraft F_{21}^i einwirken und der Körper K_2 seinerseits auf K_1 mit der Kraft F_{12}^i. Die NEWTONschen Bewegungsgleichungen lauten dann beziehungsweise:

$$m_1 \frac{dv_1^i}{dt} = F_1^i + F_{12}^i \tag{3a}$$

und

$$m_2 \frac{dv_2^i}{dt} = F_1^i + F_{21}^i \,. \tag{3b}$$

Sie lassen sich zusammenfassen zu den Gleichungen für die Relativbewegung

$$\frac{d}{dt}(v_1^i - v_2^i) = \frac{d}{dt} v_{12}^i = \frac{F_{12}^i}{m_1} - \frac{F_{21}^i}{m_2} + \frac{F_1^i}{m_1} - \frac{F_2^i}{m_2} \tag{4}$$

und zu einer absoluten Bewegungsgleichung für die Bewegung des Massenmittelpunktes:

$$\frac{d}{dt}(m_1 v_1^i + m_2 v_2^i) = F_1^i + F_2^i + F_{12}^i + F_{21}^i \,. \tag{5}$$

Entsprechend den Relativitätsprinzipien der klassischen Mechanik gilt nun das NEWTONsche Gegenwirkungs-Axiom

$$F_{12}^i = - F_{21}^i \,. \tag{6}$$

In der Tat — möge zwischen den Körpern K_1 und K_2 ein Wechselwirkungspotential U bestehen, so kann, entsprechend der Relativität des Ortes und entsprechend der GALILEIschen Relativität, U nur von den Relativkoordinaten und den Relativgeschwindigkeiten

$$x_{12}^i = x_1^i - x_2^i \tag{7a}$$

und

$$v_{12}^i = v_1^i - v_2^i \tag{7b}$$

abhängen. Damit gilt

$$\frac{\partial U}{\partial x_{12}^1} = \frac{\partial U}{\partial x_1^i} = - \frac{\partial U}{\partial x_2^i}\,, \qquad \frac{\partial U}{\partial v_{12}^i} = \frac{\partial U}{\partial v_1^i} = - \frac{\partial U}{\partial v_2^i}\,, \tag{8}$$

und daher lauten die absoluten Bewegungsgleichungen (5) nunmehr

$$\frac{d}{dt}(m_1 v_1^i + m_2 v_2^i) = F_1^i + F_2^i . \tag{9}$$

(9) ist der Satz von der Erhaltung des Massenmittelpunktes und besagt, daß sich ohne äußere Kräfte der Massenmittelpunkt unbeschleunigt bewegt.

MACH bemerkte nun weiter, daß die absoluten Gleichungen (9) wenigstens kinematisch auf den Fixsternhimmel bezogen werden und daß der Ort eines Teilchens tatsächlich durch Bezug auf genügend viele

„Fixsterne“ (wir würden heute Nebelkerne bzw. Kompaktgalaxien und Quasare wählen) definiert wird:

$$x_a^i = \frac{\sum\limits_A m_A x_{aA}^i}{\sum\limits_A m_A} \tag{10a}$$

In (10a) sind die m_A die fernen Massen und r_{1A} bzw. r_{2A} mit

$$r_{aA}^2 = (x_{aA}^1)^2 + (x_{aA}^2)^2 + (x_{aA}^3)^2 \tag{10b}$$

ihre Distanzen von den Massen m_1 und m_2. Damit lauten die Bewegungsgleichungen (5):

$$\frac{d^2}{dt^2}\left(m_1 \frac{\sum\limits_A m_A x_{1A}^i}{\sum\limits_A m_A} + m_2 \frac{\sum\limits_A m_A x_{2A}^i}{\sum\limits_A m_A}\right) = F_1^i + F_2^i\,. \tag{10}$$

Während somit kinematisch beschleunigte Bewegungen als Relativbewegungen auf den Kosmos bezogen werden können, hat dynamisch die Beschleunigung in der NEWTONschen Mechanik einen absoluten Charakter, da die beschleunigten Bewegungen mit dem Auftreten von Trägheitskräften verbunden sind. — MACH bemerkte aber, daß empirisch die durch die Trägheitskräfte definierte beschleunigte Bewegung mit der astronomisch gemessenen kinematischen Beschleunigung übereinstimmt. Dies sollte nach MACH ein Hinweis darauf sein, daß auch die Trägheitskräfte in Wahrheit auf die fernen Massen des Kosmos zu beziehen sind. Dies würde bedeuten, daß die Trägheitsterme in den NEWTONschen Bewegungsgleichungen in Wahrheit Funktionen der kosmischen Massen sind und daher verschwinden würden, wenn diese kosmischen Massen eliminiert sein würden. — MACH forderte daher, daß die Trägheitskräfte, die den absoluten Charakter der NEWTONschen Bewegungsgleichungen verursachen, in Wahrheit als Gravitationswirkungen der fernen kosmischen Massen aufzufassen sind.[1])

Dies erscheint wegen der Äquivalenz zwischen Trägheit und Schwere und der daraus resultierenden Universalität des Gravitationsfeldes als denkmöglich. Nach MACHS Interpretation wäre die Äquivalenz zwischen Trägheit und Schwere dadurch bedingt, daß die Trägheitskräfte

[1]) B. und J. FRIEDLÄNDER formulierten dies 1896 bereits sehr scharf in der Forderung, daß die korrekte Form des Trägheitsgesetzes sich allein auf eine relative Trägheit gründen muß, die durch dasselbe Wechselwirkungsgesetz wie die Gravitationswirkung bestimmt sein soll. — Damit würde auch die von HERTZ bemerkte Inkonsequenz des Begriffes „Trägheitskraft“ entfallen.

in Wahrheit eine spezielle Form der Gravitationskräfte sind. — Während die allgemeine Relativitätstheorie also faktisch die passive schwere Masse m_{Grav} aus der Physik eliminiert, indem sie sie auf die Inertialmasse zurückführt, ist nach MACHs Auffassung die träge Masse m_{Inertial} aus der Gravitationsmechanik zu eliminieren, indem sie auf die schwere Masse m_{Grav} zurückgeführt wird.

EINSTEIN hat MACHs Prinzip dahingehend konstruktiv verschärft, daß er die „MACH-EINSTEIN-Doktrin" postulierte, nach der die träge Masse $m^* = m_{\text{Inertial}}$ eines Körpers eine homogene lineare Funktion des (negativen) Gravitationspotentials

$$\Phi = f \sum_A \frac{m_A}{r_A}$$

des Kosmos sein soll:

$$m_a^* = \varphi_a(m_a\,\Phi) \doteq B \sum_{A \neq a} \left(f \frac{m_a\, m_A}{r_{a\,A}} \right) \quad \text{mit} \quad B = \text{const}\,. \tag{11}$$

[In (11) sind die Massen auf der rechten Seite ausschließlich schwere Massen; die durch die Gravitation induzierte träge Masse schreiben wir zum Unterschied hierzu m^*].

Da auf Grund der MACH-EINSTEIN-Doktrin die NEWTONschen Bewegungsgleichungen die Form

$$\frac{d^2}{dt^2}\left[B \sum_{A \neq a} \left(\frac{f\, m_a\, m_A}{r_{a\,A}} \right) x_a^i \right] \sim F_a^i \tag{12}$$

bekommen würden, wäre das MACHsche Prinzip tatsächlich durch die MACH-EINSTEIN Doktrin involviert, da dann ohne ferne „Massen" m_A der Trägheits-Term in den Bewegungsgleichungen verschwinden würde. — Eine Gleichung der Form (12) erfordert aber eine grundsätzliche Modifikation der NEWTONschen Mechanik.

Durch eine solche Realisierung des MACHschen Prinzips wäre natürlich ebenfalls eine allgemeine Relativität eingeführt. Denn der Unterschied zwischen inertialen und nichtinertialen Bezugssystemen beruht ja auf dem Auftreten von Trägheitskräften in letzteren. Gemäß der MACH-EINSTEIN-Doktrin wird aber diese Trägheit nicht durch den absoluten Raum, sondern durch die fernen Massen induziert (s. § 4 und § 5).

Wegen der lokalen Gleichwertigkeit von EINSTEINs geometrischer und MACHs dynamischer Interpretation der Äquivalenz von Trägheit und Schwere und wegen der Einführung einer allgemeinen Relativität bereits durch die Postulierung der MACH-EINSTEIN-Doktrin war EINSTEIN ursprünglich der Ansicht, daß die allgemeine Relativitätstheorie via allgemeines Relativitätsprinzip das MACHsche Prinzip involvieren müßte. Dem entspricht EINSTEINS primäre Deutung der Trägheitsfelder als spezielle Gravitationsfelder. EINSTEIN hob hervor, daß eine solche Deutung auf Grund seiner Gleichungen (1) möglich ist, weil ja alle $g_{\mu\nu}$ Lösungen von (1) sein müssen und diese $g_{\mu\nu}$ Trägheits- und Gravitationswirkungen zusammenfassen. Demgegenüber genügen in der NEWTONschen Theorie die Trägheitsfelder im allgemeinen nicht der LAPLACE-Gleichung

$$\Delta \Phi = 0 . \tag{13}$$

In seinen kosmologischen Untersuchungen erkannte EINSTEIN 1917 dann die grundsätzliche Differenz zwischen allgemeinem Relativitätsprinzip und MACHschem Prinzip und bemerkte, daß im Widerspruch zur MACH-EINSTEIN-Doktrin die Gleichungen (1) die Metrik $g_{\mu\nu}$ nicht vollständig bestimmen, sondern nur bis auf Grenzbedingungen. Gerade diese Grenzbedingungen sind es aber, die die globalen Bezugssysteme und damit die Trägheitskräfte definieren. Eine Erfüllung des MACHschen Prinzips auf Grund der EINSTEINschen Gravitationsgleichungen wäre nur dann möglich, wenn diese Gleichungen die $g_{\mu\nu}$ vollständig festlegten, und zwar so, daß gilt

$$g_{\mu\nu} = 0 \tag{14a}$$

für

$$T_{\mu\nu} = 0 . \tag{14b}$$

In der allgemeinen Relativitätstheorie deutet sich die erstrebte Relativität der Trägheit nur an in der Form einer Abhängigkeit der trägen Massen m^* vom metrischen Tensor $g_{\mu\nu}$.

Mit der Koordinatenwahl $g_{i0} = 0$ folgt in der allgemeinen Relativitätstheorie die teilweise Relativität der Trägheit aus der Definition des Impulses p_i. Diese Definition lautet für kleine Geschwindigkeiten v:[1])

$$p_i = -\frac{g_{ik}\, m}{\sqrt{g_{00}}} \frac{dx^k}{dt}, \qquad p_\nu = g_{\nu\mu} \frac{dx^\mu}{d\tau} m . \tag{15}$$

[1]) Da das MACHsche Prinzip zunächst in bezug auf die GALILEI-invariante Mechanik gefordert wird, ist es mit der relativistischen Mechanik ohne weiteres nur für $v^2 \ll c^2$ vergleichbar.

Für einen isotropen Raum

$$g_{11} = g_{22} = g_{33}, \qquad g_{ik} = 0 \quad \text{für} \quad i \neq k \tag{15a}$$

und mit der EINSTEINschen Koordinatenbedingung

$$g = |g_{ik}|\, g_{00} = (g_{11})^3\, g_{00} = -1 \tag{15b}$$

folgt hieraus für die träge Masse

$$m^* = m\, |g_{11}|\, g_{00}^{-1/2} \tag{16a}$$

und für die relative Energie

$$p_0\, c = m\, c^2 \frac{g_{00}}{\sqrt{g_{00}}} = m\, c^2\, (-\, g_{11})^{-3/2}\,. \tag{16b}$$

Man sieht, daß die träge Masse m^* gemäß der allgemeinen Relativitätstheorie genau dann verschwindet, wenn (14a) gilt.

Nun sind die EINSTEINschen Gleichungen (1) aber partielle Differentialgleichungen und enthalten grundsätzlich nichts über die Grenzbedingungen. Daher kann das MACHsche Prinzip in der allgemeinen Relativitätstheorie also höchstens ein Auswahlprinzip für die Grenzbedingungen sein, durch das diejenigen Grenzbedingungen ausgezeichnet werden, die eine Realisierung der MACH-EINSTEIN-Doktrin ermöglichen (s. § 7).

Die MACH-EINSTEIN-Doktrin impliziert, daß die effektive träge Masse m^* eines Körpers K induziert wird durch seine gravische Wechselwirkung mit den übrigen Massen des Kosmos, wobei als individuelle Konstante die gravische Ladung m_{Grav} (die passive schwere Masse) des Körpers eingeht. Eine Mechanik, die eine Induktion von träger Masse durch die Gravitationspotentiale aller übrigen Massen enthält, ist die in Teil I behandelte Mechanik von RIEMANN, in der an die Stelle des NEWTONschen Potentials

$$\varphi_{12} = -\frac{f\, m_2}{r_{12}} \tag{17}$$

das geschwindigkeitsabhängige RIEMANNsche Potential

$$\varphi_{12}^* = -\frac{f\, m_2}{r_{12}} \left(1 - \frac{\beta}{c^2}\, (v_{12}^i)^2\right) \quad \text{mit} \quad \beta > 0 \tag{18}$$

tritt. Auch (18) genügt der LAPLACE-Gleichung:

$$\Delta \varphi^* = 0\,. \tag{19}$$

Die RIEMANNsche LAGRANGE-Funktion lautet

$$L = T + U = T - P + D = \sum_A \frac{m_A}{2} (v^i_A)^2 + \sum_{A>B} \times$$
$$\times \left[\frac{f\, m_1\, m_B}{r_{AB}} \left(1 + \frac{\beta}{c^2} (v^i_{AB})^2 \right) \right] = H - 2\, P\,. \tag{20}$$

Hierbei sind

$$v^i_{AB} = v^i_A - v^i_B = \frac{dx^i_A}{dt} - \frac{dx^i_B}{dt} \tag{20a}$$

die Relativgeschwindigkeiten und

$$r_{AB} = \sqrt{(x^i_A - x^i_B)\,(x^i_A - x^i_B)} \tag{20b}$$

die relativen Distanzen. Die effektive kinetische Energie des Systems

$$T^* = T + D = \sum_A \frac{m_A}{2} (v^i_A)^2 + \sum_{A>B} \frac{\beta\, f\, m_A\, m_B}{c^2\; r_{AB}} (v^i_{AB})^2 \tag{21}$$

setzt sich zusammen aus einem die Absolutgeschwindigkeiten v^i_A enthaltenden GALILEI-NEWTONschen Term

$$T = \frac{1}{2} \sum_A m_A\, v^2_A \tag{21a}$$

und dem RIEMANNschen Induktions-Term

$$D = \sum_{A>B} \frac{\beta\, f}{c^2} \frac{m_A\, m_B}{r_{AB}} v^2_{AB}\,, \tag{21b}$$

der nur von den Relativgeschwindigkeiten (20a) abhängt (s. § 2).

Würden wir nun den NEWTONschen Term (21a) in der LAGRANGE-Funktion (20) gleich Null setzen, so erhielten wir eine verkürzte RIEMANNsche LAGRANGE-Funktion

$$L^* = D - P = \sum_{A>B} \frac{\beta\, f}{c^2} \frac{m_A\, m_B}{r_{AB}} v^2_{AB} + \sum_{A>B} \frac{f\, m_A\, m_B}{r_{AB}}\,, \tag{22}$$

die nur noch Relativgeschwindigkeiten v^i_{AB} enthält. Hieraus ergäbe sich eine weitreichende Verallgemeinerung der GALILEIschen Relativität (diese wird im § 4 näher untersucht). — Ein weiterer Unterschied zwischen der LAGRANGE-Funktion (22) und einer LAGRANGE-Funktion mit GALILEI-NEWTONschem Trägheitsterm (21a) ist, daß die GALILEI-Invarianz bei letzteren LAGRANGE-Funktionen sich erst über die

LAGRANGEschen Bewegungsgleichungen ergibt, während (22) explizit GALILEI-invariant ist.

Die LAGRANGE-Funktion (20) und die verkürzte LAGRANGE-Funktion (22) genügen beide der LAPLACE-Gleichung. Es gilt

$$\Delta L = 0 \tag{23a}$$

und

$$\Delta L^* = 0\,. \tag{23b}$$

Jedoch ist die LAGRANGE-Funktion (22) dadurch ausgezeichnet, daß sie für $r \to \infty$, also bei verschwindender Gravitationswirkung, identisch verschwindet, während L für $r \to \infty$ gegen die GALILEI-NEWTONsche kinetische Energie (21a) geht:

$$L^* \to 0, \qquad L \to \frac{1}{2} \sum_A m_A v_A^2 \quad \text{für} \quad r \to \infty\,.$$

Eine Trägheitsinduktion würde auch ein Potential mit WEBERschem Anteil $\sim \dot{r}_{AB}^2 / r_{AB}$ liefern, jedoch führt dieser nicht zu einer skalaren Trägheit (s. I, § 3), da das WEBERsche Potential nicht isotrop von den Relativgeschwindigkeiten abhängt, sondern die Radialgeschwindigkeiten auszeichnet (RIEMANN 1861). —Ferner genügt das WEBERsche Potential nicht der LAPLACE-Gleichung (s. II, § 3).[1]

§ 2. Die Modellierung der Mach-Einstein-Doktrin

Um ein analytisch-mechanisches Modell der MACH-EINSTEIN-Doktrin zu erhalten, gehen wir aus von einem System von N Teilchen, wobei N eine sehr große Zahl sein soll.[2] Die Wechselwirkung zwischen den Teilchen P_A dieses Ensembles sei auf GALILEI-invariante Weise durch ein geschwindigkeitsabhängiges Potential gegeben, für das wir fordern, daß es in den Geschwindigkeiten isotrop ist.

Wir wählen dementsprechend als Wechselwirkungsenergie zwischen den Teilchen des Ensembles ein RIEMANNsches Gravitationspotential

$$V = P + D = -f \sum_{A>B} \frac{m_A m_B}{r_{AB}} \left(1 - \frac{\beta}{c^2} v_{AB}^2\right). \tag{1}$$

---

[1]) Ein reines WEBER-Potential führt unter den Bedingungen des § 2 nicht auf eine Dynamik mit NEWTONschem Grenzfall.

[2]) Die Teilchen nehmen wir allgemein als punktförmig, also als Schweremassenpunkte, an.

Die LAGRANGE-Funktion für das Ensemble lautet dann

$$L = T + D - P = \frac{1}{2} \sum_A m_A v_A^2 + f \frac{\beta}{c^2} \sum_{A>B} \frac{m_A m_B}{r_{AB}} v_{AB}^2 + \\ + f \sum_{A>B} \frac{m_A m_B}{r_{AB}} = T + U. \tag{2}$$

Der kanonische Impuls für ein Teilchen P_a des Ensembles ist gegeben durch

$$\frac{\partial L}{\partial v_a^i} = m_a v_a^i + 2 m_a f \frac{\beta}{c^2} \sum_{B \neq a} \frac{m_B}{r_{aB}} (v_a^i - v_B^i). \tag{3}$$

Demnach lautet die HAMILTON-Funktion

$$H = \sum_A v_A^i \frac{\partial L}{\partial v_A^i} - L = \frac{1}{2} \sum_A m_A v_A^2 + f \frac{\beta}{c^2} \sum_{A>B} \frac{m_A m_B}{r_{AB}} v_{AB}^2 - \\ - f \sum_{A>B} \frac{m_A m_B}{r_{AB}} = T + D + P, \tag{4}$$

wobei der Energiesatz die Form des erweiterten Satzes von LAGRANGE (I. § 2):

$$H = T + D + P = E = \text{const} \tag{4a}$$

bekommt. — Die Terme

$$T^* = T + D = \frac{1}{2} \sum_A m_A v_A^2 + f \frac{\beta}{c^2} \sum_{A>B} \frac{m_A m_B}{r_{AB}} v_{AB}^2 \tag{5}$$

der LAGRANGE-Funktion (2) fungieren also im kanonischen Formalismus als kinetische Energie.

Die RIEMANNsche LAGRANGE-Funktion (2) ist die allgemeinste GALILEI-invariante LAGRANGE-Funktion, die einen Energiesatz der Form (4a) liefert und deren Wechselwirkungspotential

$$U = - P + D = f \sum_{A>B} \frac{m_A m_B}{r_{AB}} \left(1 + \frac{\beta}{c^2} v_{AB}^2\right) \tag{6}$$

der LAPLACE-Gleichung genügt (s. § 3). (6) ist gleichzeitig dadurch ausgezeichnet, daß es isotrop von den Relativgeschwindigkeiten v_{AB}^i abhängt.

Wegen der GALILEI-Invarianz von (6) gilt das Gegenwirkungsprinzip. Denn es ist

$$\frac{\partial U}{\partial x_A^i} = \sum_B \frac{\partial U}{\partial x_{AB}^i} \qquad \text{mit} \qquad \frac{\partial U}{\partial x_{AB}^i} = - \frac{\partial U}{\partial x_{BA}^i} \tag{6a}$$

und

$$\frac{\partial U}{\partial v_A^i} = \sum_B \frac{\partial D}{\partial v_{AB}^i} = 2 f \frac{\beta}{c^2} \sum_{B \neq A} \frac{m_A m_B}{r_{AB}} v_{AB}^i$$

mit

$$\frac{\partial D}{\partial v_{AB}^i} = - \frac{\partial D}{\partial v_{BA}^i} . \tag{6b}$$

Demnach ist der innere Gesamtimpuls des N-Teilchen-Systems konstant:

$$\frac{d}{dt} \sum_A m_A v_A^i = 0 , \tag{7}$$

und das gleiche gilt für den kanonischen Gesamtimpuls:

$$\frac{d}{dt} \sum_A \left(m_A v_A^i + \frac{\partial V}{\partial v_A^i} \right) = 0 . \tag{8}$$

Die LAGRANGEschen Bewegungsgleichungen für irgendein Teilchen P_a des Ensembles lauten

$$m_a \frac{d}{dt} \left(v_a^i + \sum_{B \neq a} f \frac{\beta}{c^2} \frac{m_B}{r_{aB}} v_a^i \right) - m_a \frac{d}{dt} \left(\sum_{B \neq a} f \frac{\beta}{c^2} \frac{m_B}{r_{aB}} v_B^i \right) =$$
$$= m_a \frac{\partial}{\partial x_a^i} \left(f \sum_{B \neq a} \frac{m_B}{r_{aB}} + f \frac{\beta}{c^2} \sum_{B \neq a} \frac{m_B}{r_{aB}} v_{AB}^2 \right) . \tag{9}$$

Führen wir die potentialabhängige effektive träge Masse

$$m_a^* = m_a \left(1 + 2 f \frac{\beta}{c^2} \sum_{B \neq a} \frac{m_B}{r_{aB}} \right) \tag{10}$$

ein, so können wir (9) mit (6) schreiben als die RIEMANNschen Bewegungsgleichungen

$$\frac{d}{dt} (m_a^* v_a^i) = \frac{\partial}{\partial x_a^i} U + 2 f \frac{\beta}{c^2} \frac{d}{dt} \left(\sum_{B \neq a} \frac{m_B}{r_{aB}} v_B^i \right) . \tag{11}$$

Wir führen nun die MACH-EINSTEIN-Doktrin dadurch ein, daß wir, wie im § 1 erörtert, den NEWTONschen Trägheitsterm, d. h. die kinetische Energie

$$T = \frac{1}{2} \sum_A m_A v_A^2$$

der NEWTONschen Mechanik, in der LAGRANGE-Funktion (2) fortlassen. Die LAGRANGE-Funktion (2) verkürzt sich so zu:

$$L^* = \sum_{A>B} f \frac{m_A m_B}{r_{AB}} \left(1 + \frac{\beta}{c^2} v_{AB}^2\right). \tag{12}$$

Die LAGRANGEschen Bewegungsgleichungen für das Teilchen P_a lauten nun einfach

$$m_a \left(\frac{d}{dt} \sum_{B \neq a} 2 f \frac{\beta}{c^2} \frac{m_B}{r_{aB}} v_a^i\right) = m_a \frac{d}{dt} \left(\sum_{B \neq a} 2 f \frac{\beta}{c^2} \frac{m_B}{r_{aB}} v_B^i\right) + \\ + m_a \frac{\partial}{\partial x_a^i} \left(f \sum_{B \neq a} \frac{m_B}{r_{aB}} \left[1 + \frac{\beta}{c^2} v_{AB}^2\right]\right). \tag{13}$$

In (13) übernimmt jetzt

$$m_a^* = 2 f \frac{\beta}{c^2} \sum_{B \neq a} \frac{m_B}{r_{aB}} \tag{14}$$

die Rolle der trägen Masse, während m_a die Kopplungskonstante darstellt, mit der das Teilchen P_a an das äußere Gravitationsfeld gekoppelt ist.

Der kanonische Gesamtimpuls eines solchen N-Teilchen-Systems ohne NEWTONschen Trägheitsterm — das wir „MACHsche Wolke" nennen wollen — ist identisch gleich Null:

$$\sum_A \frac{\partial L^*}{\partial v_A^i} = 2 f \frac{\beta}{c^2} \sum_A \sum_{B \neq a} \frac{m_A m_B}{r_{AB}} (v_A^i - v_B^i) = 0 . \tag{15}$$

Wir denken uns unser N-Teilchen-System wie folgt gebaut: Es existiert eine MACHsche Wolke von $M = N - 2$ Teilchen P_A, von der wir annehmen, daß ihr kanonischer Gesamtimpuls identisch verschwindet:

$$\sum_{A>2}^{N} \frac{\partial L^*}{\partial v_A^i} = \sum_{A'}^{M} \frac{\partial L^*}{\partial v_{A'}^i} = 0 . \tag{15a}$$

Die Teilchenzahl M sei sehr groß, und irgendwo im zentralen Teil der Wolke seien zwei benachbarte Teilchen P_1 und P_2 derart lokalisiert, daß ihre Wechselwirkung mit den einzelnen Teilen der Wolke vernachlässigt werden kann. — Die Massen der Wolke seien im Mittel isotrop im Raum verteilt. Ferner möge es keine systematischen Bewegungen in der Wolke geben, so daß, wenn wir uns eine sehr große Zahl

$m \subset M$ willkürlich herausgegriffener Teilchen aus der MACHschen Wolke an einem Ort vereinigt denken, sowohl die Summe ihrer Geschwindigkeiten als auch die ihrer Impulse verschwindet.[1])
— Die Bedingung (15a) bedeutet wegen (15), daß wir den Beitrag des Gravitationspotentials der Teilchen P_1 und P_2 zur Trägheit der MACHschen Wolke vernachlässigen (s. hierzu § 4).

Die LAGRANGE-Funktion (12) schreibt sich nun

$$L^* = \sum_{A'>B'}^{M} f \cdot \frac{m_{A'} m_{B'}}{r_{A'B'}} \left(1 + \frac{\beta}{c^2} v^2_{A'B'}\right) + \sum_{A'}^{M} f \frac{m_1 m_{A'}}{r_{1A'}} \times \\ \times \left(1 + \frac{\beta}{c^2} v^2_{1A'}\right) + \sum_{A'}^{M} f \frac{m_2 m_{A'}}{r_{2A'}} \left(1 + \frac{\beta}{c^2} v^2_{2A'}\right) + \\ + f \frac{m_1 m_2}{r_{12}} \left(1 + \frac{\beta}{c^2} v^2_{12}\right). \tag{16}$$

Hieraus ergeben sich die RIEMANN-MACHschen Bewegungsgleichungen für die Teilchen P_1 und P_2:

$$m_1 \frac{d}{dt}\left(2 \frac{\beta}{c^2} f \left[\sum_{B'} \frac{m_{B'}}{r_{1B'}} + \frac{m_2}{r_{12}}\right] v^i_A\right) = \\ = m_1 \frac{d}{dt}\left(2 \frac{\beta}{c^2} f \left[\sum_{B'} \frac{m_{B'} v^i_{B'}}{r_{1B'}} + \frac{m_2 v^i_2}{r_{12}}\right]\right) + \\ + m_1 \frac{\partial}{\partial x^i_1}\left\{\frac{\beta}{c^2} f \left(\sum_{B'} \frac{m_{B'}}{r_{1B'}} v^2_{1B'} + \frac{m_2 v^2_{12}}{r_{12}}\right) + \\ + f \left(\sum_{B'} \frac{m_{B'}}{r_{1B'}} + \frac{m_2}{r_{12}}\right)\right\} \tag{17a}$$

bzw.

$$m_2 \frac{d}{dt}\left(2 \frac{\beta}{c^2} f \left[\sum_{B'} \frac{m_{B'}}{r_{2B'}} + \frac{m_1}{r_{12}}\right] v^i_2\right) = \\ = m_2 \frac{d}{dt}\left(2 \frac{\beta}{c^2} f \left[\sum_{B'} \frac{m_{B'} v^i_{B'}}{r_{2B'}} + \frac{m_1 v^i_1}{r_{12}}\right]\right) + \\ + m_2 \frac{\partial}{\partial x^i_2}\left\{\frac{\beta}{c^2} f \left(\sum_{B'} \frac{m_{B'}}{r_{2B'}} v^2_{2B'} + \frac{m_1 v^2_{12}}{r_{12}}\right) + \\ + f \left(\sum_{B'} \frac{m_{B'}}{r_{2B'}} + \frac{m_1}{r_{12}}\right)\right\}. \tag{17b}$$

[1]) Der Fall systematischer Bewegungen vieler Teilchen der MACHschen Wolke wird im § 4 diskutiert.

Da fast die gesamte Masse der Wolke die Teilchen P_α ($\alpha = 1, 2$) isotrop umschließt,[1]) gilt

$$\frac{\partial}{\partial x_\alpha^i}\left(\sum_{B'}\frac{m_{B'}}{r_{\alpha B'}}\right) = \frac{\partial}{\partial x_\alpha^i}\left(\sum_{B'}\frac{m_{B'}}{r_{\alpha B'}}v_{\alpha B'}^2\right) = 0 \,. \tag{18a}$$

Wegen der ungeordneten Bewegung der Teilchen der Wolke ist ferner:

$$\sum_{B'}\frac{m_{B'}\, v_{B'}^i}{r_{\alpha B'}} = 0 \,. \qquad (18\,\mathrm{b})^{2)}$$

Schließlich ist auch noch die mittlere Änderung der Lage der Teilchen P_1 und P_2 relativ zu den Partikeln der Wolke vernachlässigbar. Dies bedeutet

$$\frac{d}{dt}\left(\sum_{B'}\frac{m_{B'}}{r_{1B'}}\right) = -\sum_{B'}\frac{m_{B'}\,\dot r_{1B'}}{r_{1B'}^2} = 0 \,. \tag{18c}$$

Damit nehmen die Bewegungsgleichungen (17) die endgültige Form

$$2\,f\frac{\beta}{c^2}\sum_{B'}\frac{m_1\, m_{B'}}{r_{1B'}}\dot v_1^i + 2\,f\frac{\beta}{c^2}\frac{d}{dt}\left(\frac{m_1\, m_2}{r_{12}}[v_1^i - v_2^i]\right) = \\ = \frac{\partial}{\partial x_1^i}\left(f\frac{m_1\, m_2}{r_{12}}\left[1 + \frac{\beta}{c^2}v_{12}^2\right]\right) \tag{19a}$$

und

$$2\,f\frac{\beta}{c^2}\sum_{B'}\frac{m_2\, m_{B'}}{r_{2B'}}\dot v_2^i + 2\,f\frac{\beta}{c^2}\frac{d}{dt}\left(\frac{m_1\, m_2}{r_{12}}[v_2^i - v_1^i]\right) = \\ = \frac{\partial}{\partial x_2^i}\left(f\frac{m_1\, m_2}{r_{12}}\left[1 + \frac{\beta}{c^2}v_{12}^2\right]\right) \tag{19b}$$

an. Aus (19a, b) folgt sofort, daß die Schwerpunktgeschwindigkeit des Systems $P_1 + P_2$ konstant ist.

Wir betrachten nun die MACHsche Wolke als ein Modell des realen Kosmos und bestimmen für diesen realen Kosmos die noch freie

---

[1]) Wir sehen so, daß die Annahme der Gültigkeit der LAPLACEgleichungg für den geschwindigkeitsabhängigen Anteil des Wechselwirkungspotentials U nicht nur durch die Forderung geboten ist, daß Gravitation und Trägheit durch dieselbe Differentialgleichung bestimmt werden (s. u. § 3), sondern daß diese Annahme für die Modellierbarkeit der MACH-EINSTEIN-Doktrin tatsächlich unumgänglich ist.

[2]) Die Bedingung (18b) ist aus Symmetriegründen übrigens nicht nur erfüllt, wenn die kosmische Wolke keine systematischen Bewegungen aufweist, sondern gilt auch für eine Rotation um das Zentrum (s. auch § 5) und bei einer radialen Expansion der Wolke (s. § 6).

„Induktionskonstante" β/c^2 in (19). Diese Bestimmung erfolgt auf Grund der dynamischen Definition der trägen Massen und auf Grund der Bemerkung, daß der effektive Wert der Gravitationskonstanten f im gegebenen Universum unter Benutzung des NEWTONschen Gravitationsgesetzes bestimmt wird. (D. h., β/c^2 wird durch die Forderung der Selbstkonsistenz der Gravitationsdynamik im gegebenen Universum festgelegt.):

Die dynamische Definition der trägen Massen gemäß MACH (1871) besagt, daß für zwei Körper P_1 und P_2, zwischen denen eine Kraft F_{12}^i wirkt, auf Grund der NEWTONschen Axiome per definitionem gilt:

$$m_1^* \dot{v}_1^i = F_{12}^i = -F_{21}^i = -m_2^* \dot{v}_2^i \,. \tag{20}$$

Hierbei ist F_{12}^i im allgemeinen eine nichtgravische Kraft, so daß die gemäß (20) definierten trägen Massen m_α^* nur den von den Relativkoordinaten r_{12} unabhängigen Hauptanteil

$$m_\alpha^* = m_\alpha \, 2 f \frac{\beta}{c^2} \sum_{B'}^{M} \frac{m_{B'}}{r_{\alpha B'}} \qquad (\alpha = 1, 2) \tag{20a}$$

der Trägheit enthalten. — Mit der so definierten trägen Masse gilt nun gemäß dem NEWTONschen Gravitationsgesetz (s. POINCARÉ 1904)

$$\dot{v}_1^i = -f \frac{m_1 x_{12}^i}{r_{12}^3} \tag{21a}$$

und

$$\dot{v}_2^i = f \frac{m_2 x_{12}^i}{r_{12}^3} \,. \tag{21b}$$

(20), (21) und (20a) ergeben die Selbstkonsistenzbedingung

$$2 f \frac{\beta}{c^2} \sum_{B'}^{M} \frac{m_{B'}}{r_{\alpha B'}} = 1 \,, \tag{22}$$

die für unseren Kosmos die Induktionskonstante β/c^2 festlegt. β/c^2 wird bei *gegebener* Gravitationskonstante f also bestimmt durch das Gravitationspotential im Zentrum der MACHschen Wolke

$$\frac{\beta}{c^2} = \frac{1}{2} \Phi^{-1}, \quad \text{mit} \quad \Phi = f \sum_{A'} \frac{m_{A'}}{r_{A'}} \,. \tag{22a}$$

Für das Zentralgebiet der homogenen MACHschen Wolke lautet dieses Gravitationspotential (negativ genommen):

$$\Phi = \frac{3}{2} f \frac{M}{R}, \quad \text{mit } M = \sum_{A'}^{M} m_{A'}, \tag{23a}$$

wobei R der Radius und M die Masse der Wolke ist. Daher gilt für β/c^2:

$$\frac{\beta}{c^2} = \frac{R}{3 f M}. \tag{23b}$$

Aus der Kosmologie ist bekannt (s. §§ 6 und 7), daß für die experimentell gegebenen Werte von f und c^2 wird:

$$\beta \doteq \frac{f M}{R c^2} \doteq 1 \left(\frac{f M}{c^2} = \text{Gravitationsradius der MACHschen Wolke}\right). \tag{24}$$

Wir bemerken, daß es für die Gravitationsmechanik selbstverständlich völlig gleichgültig ist, ob wir die Konstante c, die von der Dimension einer Geschwindigkeit sein muß, gleich dem experimentellen Wert der Lichtgeschwindigkeit wählen oder ob wir sie als das λ-fache dieser Lichtgeschwindigkeit einführen. Der „Gravitationsradius" der MACHschen Wolke ist dann gegeben durch

$$\frac{f M}{c^2 \lambda^2}. \tag{25a}$$

Dann tritt an die Stelle von β die neue numerische Konstante

$$\tilde{\beta} = \lambda^2 \beta, \tag{25b}$$

so daß die für die Dynamik allein maßgebende Induktionskonstante

$$\frac{\tilde{\beta}}{\lambda^2 c^2} = \frac{\beta}{c^2} \tag{25c}$$

unverändert bleibt. Die Einführung der Induktionskonstanten in der Form β/c^2 erleichtert aber den Vergleich mit der allgemeinen Relativitätstheorie.

Wir wissen also, daß β von der Größenordnung 1 sein wird. Wir können β exakt bestimmen, wenn wir entsprechend den Bemerkungen in § 1 fordern, daß die kleine Korrektur

$$\delta m_1^* = m_1 \, 2 f \frac{\beta}{c^2} \frac{m_2}{r_{12}} \to m_1^* = m_1 \, 2 f \frac{\beta}{c^2} \sum_{B'} \frac{m_{B'}}{r_{1B'}} + \delta m_1^*, \tag{26}$$

die das Teilchen P_2 zur trägen Masse des Teilchens P_1 gemäß (17) liefert, genau gleich demjenigen Betrag ist, der aus der allgemeinen Relativitätstheorie gemäß EINSTEINS Definition der effektiven trägen Ruhmasse folgt (s. § 1). In der allgemeinen Relativitätstheorie ergibt sich dieser Betrag nach EINSTEIN und THIRRING aus der Formel

$$m_1^* = m_1\left(1 + 3\,\frac{f\,m_2}{c^2\,r_{12}}\right) = \overline{m}_1^* + \delta m_1^* . \tag{27}$$

(27) und (26) stimmen überein, wenn

$$\beta = \frac{3}{2} \tag{28}$$

gesetzt wird[1]). — Damit formulieren wir die RIEMANN-MACHsche Mechanik für den gegebenen Kosmos K allgemein durch die LAGRANGE-Funktion (12)

$$L^* = f \sum_{A>B} \frac{m_A\,m_B}{r_{AB}}\left(1 + \frac{3}{2}\,\frac{v_{AB}^2}{c^2}\right). \tag{29}$$

Die Bewegungsgleichungen (19a) und (19b) lauten mit (22) und (28)

$$m_1\,\frac{d}{dt}\left[\left(1 + 3\,\frac{f}{c^2}\,\frac{m_2}{r_{12}}\right)v_1^i\right] = m_1\,\frac{\partial}{\partial x_1^i}\left(f\,\frac{m_2}{r_{12}}\left[1 + \frac{3}{2\,c^2}\,v_{12}^2\right]\right) + {} + m_1\,\frac{d}{dt}\left(\frac{3\,f}{c^2}\,\frac{m_2}{r_{12}}\,v_2^i\right) \tag{30a}$$

und

$$m_2\,\frac{d}{dt}\left[\left(1 + 3\,\frac{f}{c^2}\,\frac{m_1}{r_{12}}\right)v_2^i\right] = m_2\,\frac{\partial}{\partial x_2^i}\left(f\,\frac{m_1}{r_{12}}\left[1 + \frac{3}{2\,c^2}\,v_{12}^2\right]\right) + {} + m_2\,\frac{d}{dt}\left(\frac{3\,f}{c^2}\,\frac{m_1}{r_{12}}\,v_1^i\right). \tag{30b}$$

Ist $m_1 = M$ eine große Zentralmasse und $m_2 = m \ll M$ eine kleine Masse, so erhalten wir hieraus als Bewegungsgleichungen für das Einkörperproblem

$$\frac{d}{dt}\left[\left(1 + \frac{3\,f\,M}{c^2\,r}\right)v^i\right] = \frac{\partial}{\partial x^i}\left(\frac{f\,M}{r}\left[1 + \frac{3}{2}\,\frac{v^2}{c^2}\right]\right). \tag{31}$$

[1]) Für eine ausführlichere Behandlung dieser Beziehungen siehe die folgenden Paragraphen 3 und 5.

Unter den Voraussetzungen

$$v^2 \ll c^2, \qquad \frac{f\,M}{r} \ll c^2 \tag{31a}$$

ist die Lösung von (31) eine KEPLER-Ellipse mit Perihelbewegung. Die Bewegungsgleichungen lauten nämlich in dieser Näherung mit $u = u(\varphi) = r^{-1}$

$$u'' + \left(1 - \frac{4\,h^2\,f^2\,\beta\,M^2}{c^2}\right) u = f\,M\,h^{-2}\,. \tag{32}$$

Sie führen in derselben Näherung auf das Integral

$$\frac{1}{r} = \frac{f\,M}{h^2}\left(1 + \varepsilon\cos\varphi\left[1 - \frac{2\,\beta\,f^2\,M^2}{h^2\,c^2}\right]\right), \tag{33a}$$

aus dem man die Perihelbewegung (s. I, § 2)

$$\delta\varphi = 2\,\beta\,\frac{f}{c^2}\,\frac{2\,\pi\,M}{a\,(1 - e^2)} \tag{33b}$$

abliest. In (33b) haben wir nun $\beta = 3/2$ einzusetzen, so daß sich genau der EINSTEINsche Ausdruck für die Perihelbewegung — hier aber als Folge der MACH-EINSTEIN-Doktrin — ergibt.

Die durch die MACH-EINSTEIN-Doktrin implizierte Beziehung zwischen der Perihelbewegung und dem Gravitationspotential Φ des Kosmos wird anschaulich, wenn wir unseren realen Kosmos mit zwei fiktiven anderen Kosmen vergleichen, wobei wir aber für die Gravitationskonstante f den aus unserem Kosmos bekannten Wert einsetzen:

a) Wir betrachten zunächst einen Kosmos $\overline{K}$, in dem

$$\overline{\Phi} = \frac{3}{2}\,f\,\frac{\overline{M}}{\overline{R}} < \Phi \tag{34a}$$

gilt. Dann folgt mit gegebener Gravitationskonstante f aus dem NEWTONschen Gravitationsgesetz und der dynamischen Massendefinition die Selbstkonsistenzbedingung

$$2\,\overline{\beta}\,\overline{\Phi} = c^2\,. \tag{34b}$$

Dies besagt

$$\overline{\beta} = \frac{c^2}{2}\,(\overline{\Phi})^{-1} > \beta\,, \tag{34c}$$

was bedeutet, daß die Perihelbewegung anwächst. Im Extremfall

$$\bar{\Phi} \to 0\,, \quad \bar{\beta} \to \infty \tag{34d}$$

versagt natürlich die oben benutzte Näherung, und an die Stelle der Gleichungen (32) treten die Bewegungsgleichungen

$$r'' + r = b\,r^2,\ b = \text{const}\,, \tag{35}$$

die aus der LAGRANGE-Funktion

$$L = \frac{m\,M}{c^2\,r}\,f\,\bar{\beta}\,(\dot{r}^2 + r^2\,\dot{\varphi}^2)\,, \qquad \frac{\partial L}{\partial\dot{\varphi}} = \frac{2\,\bar{\beta}\,f\,m\,M}{c^2}\,r\,\dot{\varphi} = \text{const} \tag{35a}$$

resultieren. — Bei einem sehr kleinen Gravitationspotential $\bar{\Phi}$ des Kosmos $\bar{K}$ würde also eine der MACH-EINSTEIN-Doktrin entsprechende Himmelsmechanik von der NEWTONschen extrem verschieden sein.[1])

b) Nehmen wir an, daß in einem Kosmos $\bar{K}$

$$\Phi' = \frac{3}{2}\,\frac{M'}{R'} > \Phi \tag{36a}$$

gilt, so haben wir

$$\beta' = \frac{c^2}{2}\,(\Phi')^{-1} < \beta \tag{36b}$$

und damit $\delta\varphi' < \delta\varphi$.

Hieraus lesen wir ab, daß bei einem nach Unendlich gehenden Gravitationspotential $\Phi' \to \infty$ des Kosmos K'

$$\beta' \to 0 \tag{36c}$$

gelten würde, so daß in einem solchen Kosmos die Perihelbewegung verschwindet:

$$\delta\varphi' \to 0 \quad \text{für} \quad \Phi' \to \infty\,.$$

Die exakte NEWTONsche Himmelsmechanik ist also ein Grenzfall der RIEMANN-MACHschen Himmelsmechanik für einen Kosmos K' mit sehr großem mittlerem Gravitationspotential.

Diese Verhältnisse sind völlig verständlich, da gemäß der RIEMANN-MACHschen Mechanik die effektive träge Masse m^* des Teilchens P_2

1) Eine ausführlichere Diskussion enthält der § 5. — Da in (35a) nur v_{12}^2 eingeht, bestimmt (35) bereits das Zweikörperproblem.

durch das mittlere Gravitationspotential Φ der „MACHschen Wolke" und das Gravitationspotential $f(m_1/r_{12})$ des Teilchens P_1 (am Ort des Körpers P_2) induziert wird. In diesem Einkörperproblem ergibt sich nun die Perihelbewegung als Folge dieser Abhängigkeit der trägen Masse m_2^* vom Gravitationspotential des Körpers P_1. — Dieser Beitrag δm^* wird aber gegenüber dem ortsabhängigen Anteil von m_2^* vernachlässigbar klein, wenn das Gravitationspotential Φ der Wolke sehr groß wird.

Aus dem Zusammenhang zwischen dem mittleren Gravitationspotential Φ des Kosmos, der Induktionskonstante β/c^2 und des Wertes der Perihelbewegung folgt, daß für eine gegebene Gravitationskonstante f das mittlere Gravitationspotential des Kosmos aus dem instantanen Wert der Perihelbewegung berechenbar wird[1]). Für ein konkretes kosmologisches Modell (s. u. §§ 6 und 7) besagt das die a priori-Berechenbarkeit der Massendichte der kosmologischen Wolke aus dem himmelsmechanisch bestimmten Wert der Gravitationskonstanten f und der Perihelbewegung $\delta\varphi$.

Die obigen Überlegungen über die beiden Modelluniversen $\bar{K}$ und K' gehen davon aus, daß in diesen Universen die aus dem NEWTONschen Gravitationsgesetz bestimmte Gravitationskonstante f denselben Wert hat wie in unserem realen Universum. Ändert sich hingegen die Massenverteilung $\Sigma \frac{m_A}{r_A}$ in unserem realen Universum, so führen MACHsche Massendefinition (20) und NEWTONsches Gravitationsgesetz (21) zu einer Neubestimmung des effektiven Wertes der Gravitationskonstanten. Wir werden dies unten in den §§ 5 und 6 untersuchen.

§ 3. Gravitationsfeld und Trägheitsfeld

Die gemäß der MACH-EINSTEIN-Doktrin definierte träge Masse eines Körpers P_a

$$m_a^* = \frac{2\beta f}{c^2} \sum_{A \neq a} \frac{m_a m_A}{r_{aA}}, \tag{1}$$

in der m_a die Gravitationsladung von P_a ist, gehorcht der LAPLACE-Gleichung

$$\Delta m_a^* = 0 , \tag{2}$$

und zwar als direkte Folge davon, daß für die Gravitationspotentiale

[1]) Es ist $\delta\varphi = 2\pi f \Phi^{-1} \frac{M}{a\sqrt{1-e^2}}$.

$\varphi \sim \frac{m_A}{r_{aA}}$ der Teilchen des Kosmos ebenfalls die LAPLACE-Gleichung gilt:

$$\Delta\varphi = 0\,. \tag{3}$$

(1) ist eine spezielle Kombination dieser Gravitationspotentiale. Die trägen Massen m_a^* sind also — wie von FRIEDLÄNDER und EINSTEIN gefordert — eine spezielle Konsequenz der allgemeinen Schwere. — Die durch (1) ausgedrückte Proportionalität von träger und schwerer Masse realisiert darüber hinaus das Äquivalenzprinzip.

Würde an die Stelle des RIEMANNschen Gravitationspotentials das WEBER-RIEMANNsche Gravitationspotential treten, so hätten die effektiven trägen Massen die allgemeine Form

$$m_a \frac{2f}{c^2} \sum_{A \neq a} \frac{m_A}{r_{aA}} \left(\beta\, \delta^{ik} + \alpha \frac{x^i_{aA}\, x^k_{aA}}{r_{aA}\, r_{aA}}\right). \tag{4}$$

Die trägen Massen wären also im Gegensatz zu den schweren keine skalaren Größen mehr. — Das WEBER-RIEMANNsche Gravitationspotential (und somit die trägen Massen (4)) genügt der Bi-Potentialgleichung.

Denn für den WEBERschen Anteil gilt

$$\Delta\left(\frac{\dot r^2}{r}\right) = \Delta\left(\frac{x^i\, x^k}{r^3}\right) v^i\, v^k = 2\, v^i\, v^k \left(\frac{\delta^{ik}}{r^3} - \frac{3\, x^i\, x^k}{r^5}\right) \to \Delta^2\left(\frac{\dot r^2}{r}\right) = 0\,. \tag{5}$$

Ein WEBERsches Potential ist insofern eine Verallgemeinerung der NEWTONschen Gravitation.

Die Tatsache, daß die Trägheit in der RIEMANN-MACHschen Mechanik die Forderung erfüllt, die die allgemeine Relativitätstheorie an das Trägheitsfeld gestellt hat, spiegelt sich auch darin wider, daß durch den Vergleich der Massendefinition (1) mit der EINSTEINschen Definition der trägen Ruhmasse eines Teilchens im Gravitationsfeld

$$m_a^* = \frac{-g_{(ii)}}{\sqrt{g_{00}}}\, m_a \quad (m_a = \text{Gravitationsladung} = \text{schwere Masse}) \tag{6}$$

(s. § 1) die Konsistenzbedingung (§ 2, (22)) direkt herleitbar ist, wenn gefordert wird, daß (6) und (§ 2, (22)) für den Fall kleiner Geschwindigkeiten $v^2 \ll c^2$ lokal äquivalent sind.

(Die Gleichung (6) gilt für die Ruhmasse eines relativistischen Teilchens. Die träge Masse ist nach der allgemeinen Relativitätstheorie auch geschwindigkeitsabhängig:

$$\mu_a = \frac{m_a^*}{\sqrt{1 - \frac{v^2}{c^2}}} = \frac{-g_{(ii)}}{\sqrt{g_{00}}} \frac{m_a}{\sqrt{1 - \frac{v^2}{c^2}}} . \tag{6a}$$

Diese Geschwindigkeitsabhängigkeit kann die RIEMANN-MACHsche Dynamik nicht liefern (s. § 7)).

Wir betrachten einen Kosmos, in dem sich ein Teilchen P_a mit der schweren Masse $m_a = m$ um eine große schwere Zentralmasse $M \gg m$ bewegt. Wir können annehmen, daß die Ausdehnung des Systems $m - M$ klein ist gegenüber den Dimensionen des Kosmos. Wir bestimmen dann in der Umgebung von M das Eigenruhsystem dieser Masse. Dieses ist gegeben durch die lokale Metrik

$$(g_{\mu\nu})_{x^i=0} = \eta_{\mu\nu} , \tag{7a}$$

wobei die Weltlinie von M durch

$$x^i = 0 \tag{7b}$$

gegeben ist. In diesem Bezugssystem lautet die auf m einwirkende Metrik einfach

$$g_{(ii)} = -\left(1 + \frac{2 f M}{r c^2}\right), \quad g_{00} = 1 - \frac{2 f M}{r c^2} ,$$

$$g_{\mu\nu} = 0 \text{ für } \mu \neq \nu . \tag{8}$$

In einer für kleine Geschwindigkeiten gültigen Näherung finden wir also als träge Ruhmasse des kleinen Körpers den Ausdruck

$$m^* = m\left(1 + \frac{3 f M}{r c^2}\right). \tag{9}$$

Für diesen Körper liefert in derselben Näherung die MACH-EINSTEIN-Doktrin als träge Masse (§ 2, 30)

$$m^* = m \frac{2 \beta f}{c^2}\left[\sum_{A>2}^{N} \frac{m_A}{r_{1A}} + \frac{M}{r_{12}}\right], \tag{10}$$

wobei nach § 2:

$$\sum_{A>2}^{N} \frac{m_A}{r_{1A}} \tag{10a}$$

eine Konstante ist. Der termweise Vergleich von (9) und (10) führt auf

$$\frac{2 \beta f}{c^2} \sum \frac{m_A}{r_{1A}} = 1 \tag{11a}$$

und

$$\beta = \frac{3}{2}. \tag{11 b}$$

Die Forderung der lokalen Gleichwertigkeit der allgemein-relativistischen Relativität der Trägheit gemäß EINSTEIN und der Relativität der Trägheit gemäß der MACH-EINSTEIN-Doktrin bestimmt somit a priori sowohl das mittlere Gravitationspotential $\Phi = f \sum_A \frac{m_A}{r_A}$ der MACHschen Wolke als auch die Induktionskonstante β/c^2. — Dies ergänzt die Herleitung in § 2.

§ 4. Die Relativität der Beschleunigung

Entsprechend der Abhängigkeit der LAGRANGE-Funktion L^* § 2, (12) von den Relativgeschwindigkeiten $v^i_{AB} = v^i_A - v^i_B$ existiert in der RIEMANN-MACHschen Mechanik eine Invarianz-Gruppe, die zusammen mit der Massendefinition § 2 (20) zu einer weitreichenden Verallgemeinerung der Klasse der zulässigen Bezugssysteme führt und die Relativität der translatorischen Beschleunigung bedeutet. — Umgekehrt entsteht daher die die MACH-EINSTEIN-Doktrin modellierende „verkürzte" LAGRANGE-Funktion § 2, (12) aus der RIEMANNschen § 2, (2) durch die Forderung, daß die Dynamik invariant gegenüber einer beliebigen translatorischen Beschleunigung der Bezugssysteme sein soll, wie dies EINSTEINS allgemeines Relativitätsprinzip verlangt.

Wir betrachten im folgenden ein Teilchen P_1 im Zentrum einer aus N Teilchen ($N \gg 1$) $P_{A'}$ ($A' \neq 1$) bestehenden „MACHschen Wolke" und vernachlässigen alle lokalen Gravitationswechselwirkungen zwischen P_1 und den P_A, d. h. wir nehmen an, daß in der unmittelbaren Nachbarschaft von P_1 keine Teilchen mehr vorhanden sind. Als auf P_1 wirkende Kräfte nehmen wir nichtgravische an, die durch Addition eines entsprechenden nichtgravischen Terms zu § 2, (12) entstehen. (Die dazugehörige LAGRANGE-Funktion bezeichnen wir mit $\bar{L}^*$.)

Nehmen wir nun zunächst an, daß es keine systematischen Bewegungen gegenüber P_1 in der Wolke gibt, so gilt

$$\sum_{A'}^{N} \frac{m_{A'} v^i_{A'}}{r_{1A'}} = 0\,. \tag{1}$$

Die Bewegungsgleichungen für das Teilchen P_1 lauten dann

$$\frac{d}{dt}\left(\frac{2\beta}{c^2} f \sum_{A'} \frac{m_1 m_{A'}}{r_{1A'}} v^i_{A'}\right) = \frac{\partial}{\partial x^i_1} \bar{U} = \frac{\partial}{\partial x^i_1} \bar{L}^* . \tag{2}$$

Da wir von lokalen Einflüssen absehen, gilt noch

$$\frac{d}{dt}\left(\sum_{A'} \frac{m_{A'}}{r_{1A'}}\right) = 0 , \tag{2a}$$

und

$$\frac{\partial \bar{U}}{\partial x^i_1} = F^i_1 = \text{nichtgravische Kraft} , \tag{2b}$$

$$m^*_1 = m_1\, 2 f \frac{\beta}{c^2} \sum_{A'}^{N} \frac{m_{A'}}{r_{1A'}} = m_1 \tag{3}$$

ist die träge Masse des Teilchens P_1, die also numerisch mit der schweren Masse identisch ist. Daher gelten für das Teilchen P_1 Bewegungsgleichungen vom NEWTONschen Typ

$$m_1 \dot{v}^i_1 = F^i_1 . \tag{4}$$

Nehmen wir an, daß keine nichtgravischen Kräfte auf P_1 wirken, so erhalten wir (wegen der Vernachlässigung der lokalen gravischen Effekte) das GALILEIsche Trägheitsgesetz

$$m \dot{v}^i_1 = 0 . \tag{4a}$$

Bewegungsgleichungen und Trägheitsgesetz sehen völlig anders aus, wenn die N Teilchen der Wolke — oder ein großer Teil von ihnen — eine systematische Bewegung gegenüber P_1 besitzt, derart, daß anstelle von (1)

$$\sum_{A'} \frac{m_{A'} v^1_{A'}}{r_{1A'}} \neq 0 \tag{5}$$ [1]

gilt. Die Bewegungsgleichungen für P_1 (bei Vernachlässigung lokaler gravischer Effekte) lauten nun:

$$m_1\, 2 f \frac{\beta}{c^2} \frac{d}{dt}\left(\sum_{A'} \frac{m_{A'}}{r_{1A'}} [v^i_1 - v^i_{A'}]\right) = m_1 \dot{v}^i_1 - m_1 \frac{d}{dt}\left(\sum_{A'} \frac{m_{A'} v^i_{A'}}{r_{1A'}}\right) = F^i_1 . \tag{6}$$

[1]) Im Falle einer radialen Expansion der Wolke (s. § 6) gilt aus Symmetriegründen weiterhin (1). — Dies ist aus Symmetriegründen auch der Fall bei einer starren Rotation der Wolke um eine Achse, die durch P geht.

Die Bewegungsgleichungen (6) drücken die Relativität der Beschleunigung explicite aus. Schreiben wir allen Teilchen $P_{A'}$ $(A' \neq 1)$ der kosmischen Wolke dieselbe beliebig zeitabhängige Geschwindigkeit $v^i_{A'}(t) = V^i(t)$zu, so lautet (6) mit (2a) und der Massendefinition (§ 2, (20), (22)):

$$m_1 \frac{2 f \beta}{c^2} \sum_{A'} \frac{m_{A'}}{r_{1A'}} \frac{d}{dt} (v^i_1 - V^i) = m_1 (\dot{v}^i_1 - \dot{V}^i) = F^i_1 . \tag{7}$$

Die Trägheitskraft an P_1 ist also der Relativbeschleunigung gegenüber dem Kosmos

$$\frac{d}{dt} (v^i_1 - V^i) \tag{7a}$$

proportional. Es ist somit nicht nur kinematisch, sondern auch dynamisch äquivalent, ob sich P_1 mit der Geschwindigkeit $v^i_1(t)$ und der Beschleunigung $\dot{v}^i_1(t)$ gegenüber einem ruhend gedachten Kosmos bewegt oder ob sich der Kosmos mit der Geschwindigkeit $V^i = -v^i_1$ und der Beschleunigung $\dot{V}^i = -\dot{v}^i_1$ gegenüber einem ruhenden Teilchen P_1 bewegt. — Schreiben wir daher dem gesamten Kosmos, d. h. dem Teilchen $P_{A'}$ der Wolke und dem Teilchen P_1, *gemeinsam* noch eine zusätzliche Bewegung mit der beliebigen Geschwindigkeit $U^i(t)$ zu, so geht (7) über in

$$m_1(\dot{v}^i_1 + \dot{U}^i - \dot{V}^i - \dot{U}^i) = m_1(\dot{v}^i_1 - \dot{V}^i) = F^i_1 . \tag{8}$$

D. h., die Bewegungsgleichungen — bzw. im Falle der verschwindenden Kräfte F^i das Trägheitsgesetz — sind invariant gegenüber einer beliebigen translatorischen Bewegung des Bezugssystems: Die Bewegungsgleichungen sind invariant gegenüber dem Übergang von einem Bezugssystem Σ zu einem beliebig translatorisch bewegten Bezugssystem Σ'. Diese Verallgemeinerung der GALILEI-Gruppe besagt die Invarianz gegenüber den Transformationen[1])

$$dx'^i = dx^i + U^i(t)\, dt \tag{9}$$

[1]) Bei Transformationen der anholonomen Form

$$d\bar{x}^i = dx^i + U^i(x^l, t)\, dt$$

werden hingegen örtliche Geschwindigkeits- und Beschleunigungsfifferenzen erzeugt; sie sind daher nicht erlaubt (s. § 7).

mit zeitabhängiger Geschwindigkeit $U^i(t)$. — Die GALILEIsche Form des Trägheitsgesetzes

$$m_1 \dot{v}_1^i = 0$$

gilt in der RIEMANN-MACHschen Mechanik genau dann, wenn entweder der Kosmos als im Mittel ruhend angenommen wird oder wenn man Kosmos und Teilchen P_1 eine gemeinsame beliebige translatorische Bewegung zuschreibt.

Nehmen an der systematischen Bewegung nicht alle Teilchen der kosmischen Wolke, sondern nur die M Teilchen $(M \subset N)$ $P_{\underline{B}}$ teil, haben also die M Teilchen $P_{\underline{B}}$ die gemeinsame Geschwindigkeit $v_{\underline{B}}^i = V^i(t)$, so finden wir aus (6) für P_1 die Bewegungsgleichungen

$$m_1 \frac{d}{dt}\left(\sum_{A'} \frac{m_{A'}}{r_{1A'}} v_1^i\right) = m_1 \frac{2 f \beta}{c^2} \frac{d}{dt}\left(\sum_{\underline{B}}^{M \subset N} \frac{m_{\underline{B}}}{r_{1\underline{B}}} V^i\right) + F_1^i . \qquad (10)$$

Ändert sich während der Bewegung des Teilchens P_1 seine Lage zur Teilwolke nicht merklich, so bedeutet (10)

$$m_1 \dot{v}_1^i - m_1 \frac{2 f \beta}{c^2} \sum_{\underline{B}} \frac{m_{\underline{B}}}{r_{1\underline{B}}} \dot{V}^i = F_1^i . \qquad (11)$$

Die Trägheitskraft an P_1 hängt gemäß (11) von der Beschleunigung $\frac{d}{dt} \dot{V}^i$ der Teilwolke ab, und zwar mit einem Proportionalitätsfaktor

$$\frac{2 f \beta}{c^2} \sum_{\underline{B}}^{M} \frac{m_{\underline{B}}}{r_{1\underline{B}}} = \sum_{\underline{B}}^{M \subset N} \frac{m_{\underline{B}}}{r_{1\underline{B}}} \left(\sum_{A'}^{N} \frac{m_{A'}}{r_{1A'}}\right)^{-1} , \qquad (11\text{a})$$

der das Verhältnis des Gravitationspotentials der M Teilchen $P_{\underline{B}}$ zum mittleren Gravitationspotential des Kosmos (beide genommen am Aufpunkt P_1) wiedergibt. — Geht M in N über, so entstehen wieder die die Relativität der Beschleunigung beschreibenden Gleichungen (7).

Wir vergleichen (11) mit der allgemein-relativistischen Relativität der Beschleunigung gemäß EINSTEIN (1913). Hier gilt anstelle von (11) und $\beta = 3/2$ in 1. Näherung:

$$\frac{d}{dt}(m^* v_1^i) - F_1^i = m_1 \frac{d}{dt}\left(\frac{4 f}{c^2} \sum_{\underline{B}} \frac{m_{\underline{B}}}{r_{1\underline{B}}} V^i\right) = \frac{4 f}{c^2} m_1 \sum_{\underline{B}} \frac{m_{\underline{B}}}{r_{1\underline{B}}} \dot{V}^i . \qquad (12)$$

Der allgemein-relativistische Ausdruck enthält also auf der rechten Seite einen numerischen Faktor 4/3, der aus der Relativität der Beschleunigung nicht begründbar ist. — (Außerdem ist die träge Masse m_1^* keine reine Funktion des Gravitationspotentials, sondern enthält als führenden Term eine Konstante.)[1])

Die Gleichungen (11) zeigen, daß eine Relativbeschleunigung von Teilen des Kosmos gegenüber P_1 Trägheitskräfte an P_1 induziert und weisen damit darauf hin, daß die von B. und J. FRIEDLÄNDER und A. FÖPPL auf Grund des MACHschen Prinzips (und die später von EINSTEIN und H. THIRRING auf Grund der erhofften Implikation des MACHschen Prinzips in der allgemeinen Relativitätstheorie) erwarteten physikalischen Effekte in der RIEMANN-MACHschen Mechanik tatsächlich enthalten sind.[2])

Die Gleichung (11a) weist aber auch darauf hin, daß die bei der Bewegung irdischer Massen zu erwartenden Effekte viel zu klein sein werden, um experimentell nachweisbar zu sein, da das Gravitationspotential irdischer Massen immer klein gegenüber dem mittleren Gravitationspotential des Kosmos ist.

Wie in § 2 gezeigt, verschwindet wegen

$$\frac{\partial L^*}{\partial v_a^i} = m_a \frac{2\beta f}{c^2}\left(\sum_{A \neq a} \frac{m_A}{r_{aA}} v_a^i - \sum_{A \neq a} \frac{m_A v_A^i}{r_{aA}}\right) \tag{13a}$$

der kanonische Gesamtimpuls des Kosmos:

$$\sum_a^N \frac{\partial L^*}{\partial v_a^i} = \frac{2\beta f}{c^2} \sum_a^N \sum_A^N \left(\frac{m_a m_A}{r_{aA}} v_a^i - \frac{m_a m_A}{r_{aA}} v_A^i\right) = 0\,. \tag{13}$$

Zerlegen wir die kosmische Wolke in zwei Teilwolken, bestehend aus den K Teilchen P_α und den L Teilchen P_β, so daß $K + L = N - 1$ gleich der Teilchenzahl der Wolke ist, und nehmen wir an, daß keine

[1]) EINSTEINS Ausdruck (12) ist eine Näherungsformel; würden wir (12) auf eine beschleunigte Bewegung ($\dot{V}_i \neq 0$) des gesamten Kosmos gegenüber dem Teilchen P_1 anwenden, so folgte aus (12) ein absoluter Beschleunigungseffekt: Kinematisch ist der Fall des ruhenden Teilchens P_1 im beschleunigten Kosmos nicht vom Fall des mit $\dot{v}_1^i = -\dot{V}^i$ beschleunigten Teilchens im ruhenden Kosmos unterscheidbar. Dynamisch ergibt EINSTEINS Ausdruck (12) aber für den ersteren Fall eine um 4/3 größere Trägheitskraft an P_1 als für den zweiten Fall. — Aus der NEWTONschen Mechanik resultiert für den ersten Fall überhaupt keine Trägheitskraft an P_1. Nur die RIEMANN-MACHsche Mechanik ergibt gemäß (7) für beide Fälle denselben Trägheitswiderstand von P und somit die Relativität der translatorischen Beschleunigungen.

[2]) Eine weitere Diskussion der Abhängigkeit der Trägheitskräfte von den Relativbewegungen kosmischer Massen enthält der folgende § 5.

nichtgravischen Wechselwirkungen existieren, so gilt

$$\sum_{\alpha}^{K} \frac{\partial L^*}{\partial v_\alpha^i} = - \sum_{\beta}^{L} \frac{\partial L^*}{\partial v_\beta^i}, \tag{14a}$$

was explicite

$$\sum_{\alpha}^{K} \sum_{A}^{N+1} \frac{m_A}{r_{\alpha A}} (v_\alpha^i - v_A^i) = \sum_{\beta}^{L} \sum_{A}^{N+1} \frac{m_A}{r_{\beta A}} (v_A^i - v_\beta^i) \tag{14b}$$

bedeutet. Durch Differenzieren entstehen hieraus für die Kräfte die Bedingungen

$$\sum_{\alpha} m_\alpha \frac{d}{dt}\left[\sum_{A} \frac{m_A}{r_{\alpha A}} (v_\alpha^i - v_A^i)\right] = \sum_{\beta} m_\beta \frac{d}{dt}\left[\sum_{A} \frac{m_A}{r_{\beta A}} (v_A^i - v_\beta^i)\right]. \tag{15}$$

Wegen der großen Zahl $N \gg 1$ der Teilchen in der Wolke gilt für die meisten Teilchen P_a wieder

$$\frac{2\beta}{c^2} f \sum_{A \neq a} \frac{m_A}{r_{aA}} = 1 \qquad (a \subset K \text{ oder } a \subset L)\,, \tag{16}$$

so daß wir aus (15) erhalten:

$$\sum_{\alpha} m_\alpha \left[\dot{v}_\alpha^i - \frac{2\beta}{c^2} f \frac{d}{dt}\left(\sum_{A} \frac{m_A}{r_{\alpha A}} v_A^i\right)\right] =$$

$$= - \sum_{\beta} m_\beta \left[\dot{v}_\beta^i - \frac{2\beta}{c^2} f \frac{d}{dt}\left(\sum_{A} \frac{m_A}{r_{\beta A}} v_A^i\right)\right]. \tag{17}$$

Setzen wir nun $K = 1$ und $L = N$, so prüfen wir damit die Konsistenz der RIEMANN-MACHschen Dynamik und der Massendefinition (§ 2, (22)). Wir erhalten aus (14)

$$m_1 \left(v_1^i - \sum_{A \neq 1}^{N+1} \frac{2\beta f}{c^2} \frac{m_A v_A^i}{r_{1A}}\right) = - \frac{2\beta f}{c^2} \sum_{\beta}^{N+1} \frac{m_\beta}{r_{1\beta}} (v_\beta^i - v_1^i)\,. \tag{18}$$

(18) ist in der Tat identisch erfüllt. Ferner erhalten wir aus (17) mit (16) das Trägheitsgesetz (7a), wenn wir wieder $K = 1$ annehmen und $L = N$ und $v_\beta^i = V^i$:

$$m_1 \left[\dot{v}_1^i - \frac{2\beta}{c^2} f \frac{d}{dt}\left(\sum_{A \neq 1} \frac{m_A}{r_{1A}} V^i\right)\right] =$$

$$= \sum_{\beta} m_\beta \left[\dot{V}^i - \frac{2\beta f}{c^2} \frac{d}{dt}\left(\sum_{A} \frac{m_A}{r_{\beta A}} V^i\right)\right] = 0\,. \tag{18a}$$

Für das im § 2 betrachtete Zweiteilchenproblem besagt (1) mit $K = 2$ die Induktionswirkung der Teilchen P_1 und P_2 auf die träge Masse der Wolke. Das Zweiteilchensystem hat wegen der ausschließlichen Abhängigkeit der Wechselwirkungsterme von den relativen Größen r_{12} und v_{12}^i einen konstanten kinetischen Gesamtimpuls

$$m_1^* v_1^i + m_2^* v_2^i = \mathfrak{P}_{12}^i = \text{const} \tag{19a}$$

und einen konstanten kanonischen Gesamtimpuls vom selben Betrag:

$$\frac{\partial L^*}{\partial v_1^i} + \frac{\partial L^*}{\partial v_2^i} = \mathfrak{P}_{12}^i \,. \tag{19b}$$

Hierbei ist der kinetische Impuls durch die Wolke induziert. Wird nun der Beitrag des Gravitationspotentials der Massen m_1 und m_2 zum kanonischen Impuls der Wolke berücksichtigt, so wird dieser gleich $-\mathfrak{P}_{12}^i$, und der kanonische Gesamtimpuls des Systems „Teilchen + Wolke“ verschwindet. – Das gleiche gilt entsprechend (15) für das Verhältnis beliebiger Untersysteme zum restlichen Kosmos.

Gegen Einsteins Prinzip der allgemeinen Relativität der Beschleunigungen (der physikalischen Gleichwertigkeit der beschleunigten Bezugssysteme mit den Inertialsystemen) wandte sich P. Lenard (1917), indem er sein Paradoxon formulierte, aus dem folgen sollte, daß eine verallgemeinerte Relativität[1]) nur für Bewegungen gelten kann, die ausschließlich unter dem Einfluß von Gravitationskräften erfolgen (d. i. für $F_a^i = 0$). Hingegen gilt gemäß Lenard für Bewegungen unter dem Einfluß nichtgravischer Kräfte ($F_a^i \neq 0$) kein verallgemeinertes Relativitätsprinzip. Lenard stützt seine Argumentation auf ein Gedankenexperiment: Er vergleicht die beschleunigte Bewegung (Bremsung) eines Zuges in einer inertial bewegten Umwelt und die hierbei auftretenden physikalischen Effekte mit den Effekten, die bei einem inertial bewegten Zug in einer beschleunigt bewegten Umwelt auftreten würden, wobei er Einstein zugibt, daß die beschleunigte Bewegung der Umwelt als Wirkung spezieller Gravitationsfelder auf die Massen der Umwelt dargestellt werden kann.

Lenard bemerkt, daß ein ersichtlicher Unterschied zwischen den physikalischen Prozessen im beschleunigten Zug und den physikalischen Prozessen in der Umwelt besteht, der durch keinen Bezugssystemwechsel eliminiert werden kann. Die Bremsung des Zuges kann zur irreversiblen Deformierung der Körper im Zug führen, während die Umwelt nicht deformiert wird. Lenard gibt aber zu, daß die Defor-

[1]) Lenard erkannte 1917 – im Gegensatz zu seinen späteren Äußerungen – das spezielle Relativitätsprinzip voll an. Das allgemeine Relativitätsprinzip wollte er hingegen als reines „Gravitationsprinzip“ auffassen (s. auch Treder 1971).

mationseffekte im Zuge nicht auftreten würden, wenn die Bremsung des Zuges ausschließlich die Wirkung eines Gravitationsfeldes wäre, so daß das allgemeine Relativitätsprinzip als „Gravitations-Prinzip" korrekt sei.

LENARDS Paradoxon wurde von EINSTEIN selbst 1918 und ferner von M. v. LAUE 1919 und H. WEYL 1921 diskutiert:

Da die Bremsung des Zuges eben nicht durch die Gravitation, sondern durch den Einfluß anderer Kräfte erfolgt, sind die spezifischen Kräfte, die auf die verschiedenen Körper im Zuge wirken, nicht gleich groß. Beim Beginn des Bremsprozesses werden zunächst die Waggons — und nicht die Mitreisenden — negativ beschleunigt. Wegen der Nichtuniversalität der Bremskräfte tritt im Zuge also zeitweilig eine Relativbeschleunigung der Körper im Waggon zu den Waggonwänden sowie auch der einzelnen Teile des Waggons zueinander auf, und diese Relativbeschleunigung ist die Ursache für die physikalischen Effekte bei der Zugbremsung.

Wir sehen somit, daß LENARDS „Paradoxon" das Gegenteil von dem zeigt, was LENARD beweisen wollte. Absolute Beschleunigungen haben keine physikalische Wirkung und sind daher physikalisch auch nicht nachweisbar. Alle physikalischen Wirkungen beschleunigter Bewegungen beruhen vielmehr auf Beschleunigungsdifferenzen, d. h. auf dem Auftreten von Relativbeschleunigungen

$$\dot{v}_A^i - \dot{v}_B^i = \frac{d}{dt}(v_A^i - v_B^i) = \dot{v}_{AB}^i \,.$$

In die Grundlagen der NEWTONschen Dynamik gehen aber via Trägheitswiderstände absolute Beschleunigungen $\dot{v}_A^i$ ein. Somit enthält die klassische Dynamik, wie es MACH und EINSTEIN hervorgehoben hatten, unphysikalische Größen. Die Forderung, daß nur physikalisch nachweisbare Größen in die Grundlagen der Dynamik eingehen dürfen, führt hingegen auf das von MACH und EINSTEIN postulierte Prinzip der Relativität der Beschleunigungen.[1])

---

[1]) Mit EINSTEIN (und auch mit LENARD) ist WEYL (1921) der Ansicht, daß die Relativitätstheorie die fernen kosmischen Massen, deren Bewegung die relativistischen Beschleunigungseffekte gemäß EINSTEIN induziert, im Sinne der MACH-EINSTEIN-Doktrin nachweisen muß. Wegen der Bedeutung der Grenzbedingungen für die Festlegung der Bezugssysteme und Führungsfelder in der allgemeinen Relativitätstheorie sahen EINSTEIN (1918/21) und WEYL (1921) in dieser Forderung ein kosmologisches Prinzip. (s. u. § 7) — Seit 1924 lehnte WEYL dann das MACHsche Prinzip explicite ab, weil sich diese Forderung in der allgemeinen Relativitätstheorie als nicht erfüllbar erwies.

Die Relativbeschleunigungen $\dot{v}^i_{AB} = \dot{v}^i_A - \dot{v}^i_B$ sind physikalische Größen. Sie geben u. a. zu den „Gezeitenwirkungen" (Deviationen) Anlaß, die ohne kinematisches Bezugssystem dynamisch nachweisbar sind. Wegen des Auftretens von Relativbeschleunigungen bei Rotationsbewegungen haben diese eine „absolute" dynamische Bedeutung, die nicht durch ein Prinzip der Relativität der Beschleunigungen aufgehoben wird (WEYL 1922/24). Die vom MACHschen Prinzip geforderte „Relativität der Rotation" ergibt sich erst als Folge der durch die MACH-EINSTEIN-Doktrin postulierten „Relativität der Trägheit" (s. § 5).[1])

§ 5. Trägheitsinduktion und Machsches Paradoxon

In seiner Diskussion der Beziehungen zwischen dem allgemeinen Relativitätsprinzip und dem zur MACH-EINSTEIN-Doktrin verschärften MACHschen Prinzip hat EINSTEIN wiederholt darauf hingewiesen, daß die allgemeine Relativität zwar den Einbau des MACHschen Prinzips in die Dynamik ermöglicht, daß aber allgemeine Relativität und MACHsches Prinzip keineswegs inhaltsgleich sind. — Auch bei der hier vorgetragenen mathematischen Modellierung der MACH-EINSTEIN-Doktrin im Rahmen der RIEMANNschen Mechanik ist die in § 4 hergeleitete Relativität der translatorisch bewegten Bezugssysteme zwar notwendig für einen physikalisch sinnvollen Einbau der MACH-EINSTEIN-Doktrin in die Gravitationsdynamik, deckt sich aber inhaltlich keineswegs mit der MACH-EINSTEIN-Doktrin, die ja vielmehr die Induktion der Trägheit durch das Gravitationspotential ferner Massen besagt. Die verallgemeinerte Relativität aus § 4 reicht ohne diese Trägheitsinduktion keineswegs aus, das MACHsche Paradoxon aufzulösen. Andererseits ist eine Trägheitsinduktion im Sinne der MACH-EINSTEIN-Doktrin im Prinzip auch ohne Relativität möglich. Eine solche Trägheitsinduktion durch absolute Bewegungen führt aber auf eine physikalisch unsinnige Dynamik.

---

[1]) Es ist also prinzipiell nicht sinnvoll, nach einer Dynamik zu suchen, deren Bewegungsgleichungen invariant gegenüber Rotationsbewegungen sind, denn die Rotationsbeschleunigungen führen auf meßbare Größen.

Das Auftreten einer skalaren Trägheitsinduktion ist einfach gebunden an den Übergang von dem NEWTONschen Gravitationspotential zu einem Gravitationspotential, das bilinear von den Teilchengeschwindigkeiten abhängt. — Aus der von uns benutzten RIEMANNschen GALILEI-invarianten Funktion des N-Körper-Problems (II, § 2)

$$L = T + D - P = T^* - P =$$

$$= \frac{1}{2} \sum_B m(v_B^i)^2 + \frac{\beta}{c^2} f \sum_{A>B} \frac{m_A m_B}{r_{AB}} (v_A^i - v_B^i)^2 + f \sum_{A>B} \frac{m_A m_B}{r_{AB}} \tag{1}$$

mit den kanonischen Impulsen

$$\frac{\partial L}{\partial v_a^i} = m_a \left[v_a^i + \frac{2\beta}{c^2} f \sum_{A \neq a} \frac{m_A}{r_{aA}} (v_a^i - v_A^i) \right] \tag{1a}$$

und der HAMILTON-Funktion

$$H = \frac{1}{2} \sum_B m_B(v_B^i)^2 + \frac{\beta}{c^2} f \sum_{A>B} \frac{m_A m_B}{r_{AB}} (v_a^i - v_A^i)^2 -$$

$$- f \sum_{A>B} \frac{m_A m_B}{r_{AB}} \tag{1b}$$

läßt sich leicht eine LAGRANGE-Funktion gewinnen, bei der die Wechselwirkungsterme von den Absolutgeschwindigkeiten v_A^i der Partikeln abhängen.[1] Hierzu ist zur LAGRANGE-Funktion (1) einfach der Zusatzterm

$$W = \frac{2\beta}{c^2} f \sum_{A>B} \frac{m_A v_A^i m_B v_B^i}{r_{AB}} \tag{2}$$

zu addieren.

Die neue LAGRANGE-Funktion

$$\overline{L} = L + W = \frac{1}{2} \sum_B m_B(v_B^i)^2 + \frac{\beta}{c^2} f \sum_{A>B} \frac{m_A m_B}{r_{AB}} [(v_A^i)^2 + (v_B^i)^2] +$$

$$+ f \sum_{A>B} \frac{m_A m_B}{r_{AB}} \tag{3}$$ [2]

[1]) Die Idee dieser Umformung wurde von RIEMANN 1858 entwickelt.

[2]) Wird anstelle von W der Term $R = -\frac{\beta f}{c^2} \sum_{A>B} \frac{m_A m_B}{r_{AB}} (v_A^2 + v_B^2)$ zur LAGRANGE-Funktion (1) addiert, (wie dies bei RIEMANN 1858 geschieht), so führt die RIEMANNsche LAGRANGE-Funktion (1) auf die LAGRANGE-Funktion von

führt auf die kanonischen Impulse

$$\frac{\partial \bar{L}}{\partial v_a^i} = m_a \left(1 + \frac{2\beta}{c^2} f \sum_{A \neq a} \frac{m_A}{r_{aA}}\right) v_a^i \tag{4}$$

und, da weiterhin der erweiterte Satz von LAGRANGE gilt, auf die HAMILTON-Funktion

$$\bar{H} = \frac{1}{2} \sum_B m_B (v_B^i)^2 + \sum_{A > B} \frac{\beta f}{c^2} \frac{m_A m_B}{r_{AB}} [(v_A^i)^2 + (v_B^i)^2] -$$

$$- f \sum_{A > B} \frac{m_A m_B}{r_{AB}}. \tag{5}$$

Eine derartige Mechanik mit von Absolutgeschwindigkeiten abhängenden CLAUSIUS-Kräften (s. I, § 2) beschreibt eine Induktion der trägen Massen wie die RIEMANNsche Mechanik:

$$m_a^* = m_a \left(1 + \frac{2\beta}{c^2} f \sum_{A \neq B} \frac{m_A}{r_{aA}}\right) \tag{6}$$

und würde die MACH-EINSTEIN-Doktrin realisieren, wenn der NEWTONsche Trägheits-Term in (3) fortgelassen wird und für die induzierten Größen wie in § 2

$$\frac{2\beta}{c^2} f \sum_{A \neq a}^{N} \frac{m_A}{r_{aA}} = 1 \tag{7}$$

verlangt wird.

Die zur LAGRANGE-Funktion (3) gehörende Dynamik ist aber physikalisch unsinnig, da in die Bewegungsgleichungen die absoluten Geschwindigkeiten v_A^i selbst eingehen, und zwar gehen in die Bewegungsgleichungen für ein Teilchen P_a im allgemeinen auf verschiedene Weise die Absolutgeschwindigkeiten v_a^i des Teilchens und die Absolutgeschwindigkeiten $v_A^i = v_a^i + v_{Aa}^i$ der übrigen kosmischen Massen ein,

---

F. NEUMANN (1845), HELMHOLTZ und CLAUSIUS

$$L' = L + R = \frac{1}{2} \sum_B m_B v_B^2 - \frac{2\beta f}{c^2} \sum_{A > B} \frac{m_A v_A^i m_B v_B^i}{r_{AB}} +$$

$$+ f \sum_{A > B} \frac{m_A m_B}{r_{AB}},$$

die ersichtlich keine Trägheitsinduktion, sondern nur eine von den Absolutgeschwindigkeiten abhängige äußere Kraft in die Bewegungsgleichungen einführt. — (s. H.-J. TREDER l. c.)

so daß insgesamt eine Abhängigkeit von v_a^i und v^i_{-Aa} resultiert. Zum Beispiel folgen für das Zweikörperproblem die Bewegungsgleichungen

$$m_1 \frac{d}{dt}\left[\left(1 + \frac{2\beta f m_2}{c^2 r_{12}}\right) v_1^i\right] = \frac{\partial}{\partial x_1^i}\left[\frac{m_1 m_2}{r_{12}} f \left(1 + \frac{\beta}{c^2}\{v_1^2 + v_2^2\}\right)\right] \tag{8a}$$

und

$$m_2 \frac{d}{dt}\left[\left(1 + \frac{2\beta f m_1}{c^2 r_{12}}\right) v_2^i\right] = \frac{\partial}{\partial x_2^i}\left[\frac{m_1 m_2}{r_{12}} f \left(1 + \frac{\beta}{c^2}\{v_1^2 + v_2^2\}\right)\right], \tag{8b}$$

oder — auf P_1 bezogen —:

$$m_1 \frac{d}{dt}\left[\left(1 + \frac{2\beta f m_2}{r_{12} c^2}\right) v_1^i\right] = \\ = \frac{\partial}{\partial x_1^i}\left[\frac{m_1 m_2}{r_{12}} f \left(1 + \frac{\beta}{c^2}\{2(v_1^i)^2 + 2\, v_1^i\, v_{21}^i + (v_{21}^i)^2\}\right)\right] \tag{8c}$$

und

$$m_2 \frac{d}{dt}\left[\left(1 + \frac{2\beta f m_1}{r_{12} c^2}\right)(v_1^i + v_{21}^i)\right] = \\ = \frac{\partial}{\partial x_2^i}\left[\frac{m_1 m_2}{r_{12}} f \left(1 + \frac{\beta}{c^2}\{2(v_1^i)^2 + 2\, v_1^i\, v_{21}^i + (v_{21}^i)^2\}\right)\right]. \tag{8d}$$

— (8) enthält die absolute Beschleunigung $\dot{v}_1^i$ und die absolute Geschwindigkeit v_1^i. Das NEWTONsche Gegenwirkungsprinzip ist gebrochen; für die Beschleunigung des Schwerpunktes gilt:

$$m_1 \dot{v}_1^i + m_2 \dot{v}_2^i = \\ = -\frac{2\beta f}{c^2}\frac{m_1 m_2}{r_{12}}(\dot{v}_1^i + \dot{v}_2^i) - \frac{2\beta f}{c^2}\frac{d}{dt}\left(\frac{m_1 m_2}{r_{12}}\right)(v_1^i + v_2^i) = \\ = -\frac{2\beta f}{c^2}\frac{m_1 m_2}{r_{12}}(2\,\dot{v}_1^i + \dot{v}_{21}^i) - \frac{2\beta f}{c^2}\frac{d}{dt}\left(\frac{m_1 m_2}{r_{12}}\right)(2\,v_1^i + v_{21}^i) = \\ = -\frac{2\beta f}{c^2} m_1 m_2 \left[\frac{1}{r_{12}}(2\,\dot{v}_1^i + \dot{v}_{21}^i) - \frac{1}{r_{12}^2}\dot{r}_{12}(2\,v_1^i + v_{21}^i)\right]. \tag{9}$$

Die zur Modellierung der MACH-EINSTEIN-Doktrin notwendige bilineare Geschwindigkeitsabhängigkeit des Wechselwirkungs-Terms in der LAGRANGE-Funktion ist physikalisch sinnvoll also nur dann erreichbar, wenn an die Stelle der von den Absolutgeschwindigkeiten abhängigen LAGRANGE-Funktion (3) die in ihrem Wechselwirkungs-Term von den Relativgeschwindigkeiten abhängige LAGRANGE-Funktion (1) tritt. Eine solche Abhängigkeit von den Relativgeschwindigkeiten führt dann, wenn der NEWTONsche Trägheitsterm

$$T = \frac{1}{2} \sum_B m_B v_B^2$$

entsprechend der MACH-EINSTEIN-Doktrin aus der LAGRANGE-Funktion fortgelassen wird, eben zu der allgemeinen Relativität der translatorischen Bewegung entsprechend § 4. — Insofern ist also die Relativität aller translatorisch beschleunigten Bewegungen die Voraussetzung für eine Modellierbarkeit der MACH-EINSTEIN-Doktrin.

Die bereits oben zitierten Überlegungen von B. und J. FRIEDLÄNDER und A. FÖPPL sowie die Untersuchungen von EINSTEIN und H. THIRRING im Rahmen der allgemeinen Relativitätstheorie über eine Abhängigkeit der Trägheitskräfte von den Relativbewegungen der Massen gründen sich auf diesen physikalisch notwendigen Zusammenhang zwischen der verallgemeinerten Relativität und der MACH-EINSTEIN-Doktrin. —

Wir zerlegen die aus N Teilchen bestehende kosmische Wolke in eine sehr große homogene Wolke, die aus M Teilchen P_A bestehen soll, und ein in ihrem Zentralgebiet angesiedeltes Teilchen-Ensemble, das aus n Teilchen P_α besteht. Hierbei gilt

$$n \ll M \approx N$$

so daß wir ohne merklichen Fehler wie in § 2 (22) für alle P_α

$$\frac{2\beta f}{c^2} \sum_A^M \frac{m_A}{r_{\alpha A}} = 1 \tag{10}$$

setzen können (wobei f der heutige Wert der NEWTONschen Gravitationskosntante ist). Ferner gilt, wenn die MACHsche Wolke sich ungeordnet bewegt (oder um das Teilchen-Ensemble starr rotiert):

$$\sum_A \frac{m_A v_A^i}{r_{\alpha A}} = 0\,. \tag{10a}$$

Weiter werden wir wieder von jedem lokalen Einfluß der Wolke auf das Teilchen-Ensemble absehen. — Damit erhalten wir für ein beliebiges Teilchen P_α aus dem Teilchen-Ensemble die Bewegungsgleichungen

$$m_\alpha \frac{d}{dt}\left[\left(1+\frac{3f}{c^2}\sum_{\beta\neq\alpha}^{n}\frac{m_\beta}{r_{\alpha\beta}}\right)v_\alpha^i\right] = m_\alpha \frac{d}{dt}\left(\frac{3f}{c^2}\sum_{\beta\neq\alpha}^{n}\frac{m_\beta}{r_{\alpha\beta}}v_\beta^i\right) + \\ + m_\alpha \frac{\partial}{\partial x_\alpha^i}\left(f\sum_{\beta\neq\alpha}^{n}\frac{m_\beta}{r_{\alpha\beta}}\right) + m_\alpha \frac{\partial}{\partial x_\alpha^i}\left(\frac{3f}{2c^2}\sum_{\beta\neq\alpha}^{n}\frac{m_\beta}{r_{\alpha\beta}}v_{\alpha\beta}^2\right) + F_\alpha^i. \tag{11}$$

Hierbei haben wir eine zusätzliche nichtgravische Wechselwirkung F_α^i eingeführt, für die wir entsprechend dem Gegenwirkungs-Axiom

$$F_\alpha^i = \sum_{\beta\neq\alpha}^{n} F_{\alpha\beta}^i \quad \text{mit} \quad F_{\alpha\beta}^i = -F_{\alpha\beta}^i \tag{11a}$$

verlangen. Der gravische Teil

$$m_\alpha g_\alpha^i = m_\alpha \frac{d}{dt}\left(\frac{3}{c^2}f\sum_{\beta\neq\alpha}^{n}\frac{m_\beta}{r_{\alpha\beta}}v_\beta^i\right) + m_\alpha \frac{\partial}{\partial x_\alpha^i}\left[f\sum_{\beta\neq\alpha}^{n}\frac{m_\beta}{r_{\alpha\beta}}\left(1+\frac{3}{2c^2}v_{\alpha\beta}^2\right)\right] \tag{12}$$

auf der rechten Seite von (12) enthält die bereits im § 4 ausführlich diskutierte Zusatzbeschleunigung

$$3\,m_\alpha \frac{d}{dt}\left(\frac{f}{c^2}\sum_{\beta\neq\alpha}^{n}\frac{m_\beta}{r_{\alpha\beta}}v_\beta^i\right), \tag{12a}$$

die von den Beschleunigungen der übrigen Teilchen des Ensembles abhängt, die NEWTONsche Gravitationskraft

$$f\,m_\alpha \frac{\partial}{\partial x_\alpha^i}\sum_{\beta\neq\alpha}^{n}\frac{m_\beta}{r_{\alpha\beta}} \tag{12b}$$

und eine von den Relativgeschwindigkeiten $v_{\alpha\beta}^i$ des Teilchens P_α zu den übrigen Teilchen des Ensembles bilinear abhängige Kraft

$$\frac{3}{2}\frac{f}{c^2}m_\alpha \frac{\partial}{\partial x_\alpha^i}\left(\sum_{\beta\neq\alpha}^{n}\frac{m_\beta}{r_{\alpha\beta}}v_{\alpha\beta}^2\right). \tag{12c}$$

Diese Kraft würde bei einer Rotationsbewegung des Ensembles für ein Teilchen P_α, das sich nicht auf der Rotationsachse befindet und an der Rotationsbewegung des übrigen Ensembles nicht teilnimmt, zu von der Relativgeschwindigkeit abhängigen Zusatzkräften führen, wie sie von B. und J. FRIEDLÄNDER und A. FÖPPL gesucht wurden, jedoch mit dem sehr kleinen Faktor § 4 (11a).

Wir vergleichen (11) und (12) mit den allgemein-relativistischen Bewegungsgleichungen 1. Näherung (EINSTEIN 1913, 1920; THIRRING 1918). Die relativistische Bewegungsgleichung für ein Teilchen P_α lautet:

$$m_\alpha \frac{d}{dt}\left\{\left(1 + \frac{3\,f}{c^2} \sum_{\beta \neq \alpha}^{n} \frac{m_\beta}{r_{\alpha\beta}}\right) v_\alpha^i\right\} = m_\alpha \frac{d}{dt}\left(\frac{4\,f}{c^2} \sum_{\beta \neq \alpha}^{n} \frac{m_\beta}{r_{\alpha\beta}} v_\beta^i\right) + $$
$$+ m_\alpha \frac{\partial}{\partial x_\alpha^i}\left(f \sum_{\beta \neq \alpha}^{n} \frac{m_\beta}{r_{\alpha\beta}}\right) +$$
$$+ m_\alpha \frac{4\,f}{c^2}\left[\operatorname{rot}\left(\sum_{\beta \neq \alpha}^{n} \frac{m_\beta}{r_{\alpha\beta}} v_\beta^k\right), v_\alpha^l\right]^i + F_\alpha^i \,. \tag{13}$$

Der Term

$$4\, m_\alpha \frac{f}{c^2} \frac{d}{dt}\left(\sum_{\alpha \neq \beta}^{n} \frac{m_\beta\, v_\beta^i}{r_{\alpha\beta}}\right) \tag{13a}$$

auf der rechten Seite von (13) unterscheidet sich von dem Term (12a), wie schon in § 4 bemerkt, durch einen aus der Relativität der translatorischen Beschleunigung nicht herleitbaren Faktor 4/3; der Term

$$4\, m_\alpha \frac{f}{c^2}\left[\operatorname{rot}\left(\sum_{\beta \neq \alpha}^{n} \frac{m_\beta}{r_{\alpha\beta}} v_\beta^k\right), v_\alpha^l\right]^i \tag{13b}$$

führt zu CORIOLIS-artigen Kräften. Gemeinsam mit den Termen

$$m_\alpha f\left[\frac{3}{2\,c^2} v_\alpha^2 \frac{\partial}{\partial x_\alpha^i}\left(\sum_{\beta \neq \alpha}^{n} \frac{m_\beta}{r_{\alpha\beta}}\right) + \frac{2}{c^2} \frac{\partial}{\partial x_\alpha^i}\left(\sum_{\beta \neq \alpha}^{n} \frac{m_\beta}{r_{\alpha\beta}} v_\beta^2\right)\right] \tag{13c}$$

aus der zweiten Näherung (THIRRING 1918) ist (13b) das Pendant zu (12c). Die Terme (13b) und (13c) sind wie (12c) bilinear in den Geschwindigkeiten v_α^i und v_β^i. (In beiden Fällen resultieren neben Termen von der Form der CORIOLIS- und Zentrifugalkräfte auch Terme andersartiger Struktur.)

Der wesentliche Unterschied zwischen den Gleichungen (11) und (13) ist aber, daß die Gleichung (11) nach § 2 in Wahrheit bedeutet

$$m_\alpha \frac{d}{dt}\left[\left(\frac{3\,f}{c^2} \sum_{A}^{M} \frac{m_A}{r_{\alpha A}} + \frac{3\,f}{c^2} \sum_{\beta \neq \alpha}^{n} \frac{m_\beta}{r_{\alpha\beta}}\right) v_\alpha^i\right] = m_\alpha\, g_\alpha^i + F_\alpha^i \leftrightarrow$$
$$\leftrightarrow m_\alpha \frac{d}{dt}\left[\left(\frac{9\,f}{2\,c^2} \frac{M}{R} + \frac{3\,f}{c^2} \sum_{\beta \neq \alpha} \frac{m_\beta}{r_{\alpha\beta}}\right) v_\alpha^i\right] = m_\alpha\, g_\alpha^i + F_\alpha^i \,, \tag{14}$$

so daß der Trägheitsterm in (11) in Wahrheit eine Funktion des Gravitationspotentials des Kosmos ist. Aus (14) folgt, daß der Trägheitsterm gegen Null geht, wenn dieses kosmische Gravitationspotential verschwindet (was voraussetzt, daß der effektive Wert der Gravitationskonstanten f als unveränderlich angenommen wird (s. u.)[1]) — Dieser Sachverhalt erklärt das MACHsche Paradoxon[2]).

Es ist zunächst evident, daß eine Relativierung der Beschleunigung allein nicht zu einer Lösung des MACHschen Paradoxons führen kann, da bei einer Rotationsbewegung ja eben Relativbeschleunigungen auftreten, indem z. B. bei einer starren Rotation mit der Winkelgeschwindigkeit ω um eine Drehachse $\varrho = 0$ die Zentrifugalbeschleunigung $\mathfrak{Z}$ dem Abstand ϱ proportional ist:

$$\mathfrak{Z} \sim \varrho\, \omega^2 .$$

In der Tat ist auch in der allgemeinen Relativitätstheorie die Rotation eines Körpers eine absolute Bewegung, was zuerst H. WEYL bemerkt hatte. Die Weltlinien der Massenelemente auf der Drehachse $\varrho = 0$ sind geodätische Linien; die Weltlinien der Massenelemente außerhalb der Drehachse besitzen dagegen geodätische Krümmungen, die der lokalen Zentrifugalbeschleunigung $\mathfrak{Z}$ proportional sind. — (Auch in unserer Mechanik sind die Rotation des Kosmos und die Rotation eines Körpers gegen den Kosmos 2 physikalisch verschiedene Situationen. Wir behandeln hier den 2. Fall).

Zur Erklärung des MACHschen Paradoxons entsprechend der Diskussion bei EINSTEIN (1916) betrachten wir einen rotierenden Körper, der aus einer homogenen Flüssigkeit besteht, die eine Gleichgewichtsfigur bildet.[3]) Der Körper möge um eine Symmetrieachse $\varrho = 0$ frei

[1]) Man beachte, daß gemäß § 4 der Gesamtimpuls des Systems „Wolke + Teilchen-Ensemble" immer identisch Null ist. Daher bedeutet die Änderung der trägen Massen m_α der Teilchen P_α keine Verletzung des Impulssatzes.

[2]) Das von MACH, J. FRIEDLÄNDER und EINSTEIN formulierte Problem der Trägheitswirkungen an einem rotierenden Körper in einem sonst leeren Kosmos ist die direkte Umkehrung von NEWTONS Interpretation seines Eimer-Versuches. Gemäß MACH, FRIEDLÄNDER und EINSTEIN konstatierte NEWTON tatsächlich eine von den fernen kosmischen Massen induzierte Kraftwirkung. — Grundsätzlich vertrat bereits HUYGENS diesen Standpunkt gegenüber NEWTONS Auffassung einer absoluten dynamischen Bestimmbarkeit der Bewegung.

[3]) Die Diskussion des Paradoxons begann nach NEWTON wieder C. NEUMANN (1870). Seine Lösung im Sinne der späteren MACH-EINSTEIN-Doktrin wurde von MACH (1871 und 1883) für notwendig erklärt.

rotieren. Dann ist die Abplattung des Rotationsellipsoids gegenüber einer nicht rotierenden Flüssigkeitskugel derselben Masse und Dichte der Zentrifugalkraft $\mathfrak{Z}$, proportional. $\mathfrak{Z}$ ist das Ergebnis des Beharrungsvermögens der Massenelemente dm_α^*. Entsprechend dem D'ALEMBERTschen Prinzip gehen in die Gleichgewichtsbedingungen für einen rotierenden Körper nicht nur die Gravitationskräfte $dm_\alpha\, g_\alpha^i$ und die Resultierenden F_α^i der übrigen Kräfte $F_{\alpha\beta}^i$ zwischen seinen Massenelementen dm_α ein, sondern auch ihre Trägheitswiderstände $-dm_\alpha^*\, \dot{v}_\alpha^i$, welche die von den Wechselwirkungen im rotierenden Körper unabhängige, durch den Kosmos induzierte NEWTONsche Trägheit

$$- d\overline{m}_\alpha^*\, \dot{v}_\alpha^i = - dm_\alpha \frac{9}{2} \frac{f}{c^2} \frac{M}{R} \dot{v}_\alpha^i \tag{15a}$$

enthalten.

Würden die Terme (15a) verschwinden, so wären die aus dem D'ALEMBERTschenPrinzip folgenden Gleichgewichtsbedingungen für einen rotierenden Körper ausschließlich von den in ihm wirkenden physikalischen Kräften und dem RIEMANNschen Gravitationspotential zwischen seinen Massenelementen dm_β abhängig.

Sei $F_\alpha^i = \sum\limits_{\beta=\alpha} F_{\alpha\beta}^i$ die Resultierende der an dm_α angreifenden nichtgravischen Kräfte, $dm_\alpha\, g_\alpha^i$ die Gravitationskraft und

$$\begin{aligned} -\frac{d}{dt}\{dm^*\, \dot{v}_\alpha^i\} &= - dm_\alpha \left(\frac{9}{2}\frac{f}{c^2}\frac{M}{R} + \sum_{\beta\neq\alpha} \frac{3\,f}{c^2}\frac{dm_\beta}{r_{\alpha\beta}}\right) \dot{v}_\alpha^i - \\ &\quad - dm_\alpha \frac{d}{dt}\left(\sum_{\beta\neq\alpha} \frac{3\,f}{c^2}\frac{dm_\beta}{r_{\alpha\beta}}\right) v_\alpha^i \end{aligned} \tag{15}$$

die Trägheitswiderstände, so folgt aus dem D'ALEMBERTschen Prinzip für jedes dm_α:

$$F_\alpha^i + dm_\alpha\, g_\alpha^i - dm_\alpha^*\, \dot{v}_\alpha^i - dm_\alpha \frac{d}{dt}\left(\sum \frac{3\,f}{c^2}\frac{dm_\beta}{r_{\alpha\beta}}\right) v_\alpha^i\,. \tag{16}$$

Die Bedeutung der NEWTONschen Trägheitskräfte in (16) verschwindet, wenn entweder gilt

$$dm_\alpha^* \to dm_\alpha \frac{3\,f}{c^2} \sum_{\beta\neq\alpha} \frac{m_\beta}{r_{\alpha\beta}} \tag{16a}$$

oder wenn gilt

$$g_\alpha^i \to \infty,\ F_\alpha^i \to \infty\,. \tag{16b}$$

Die Massenelemente dm_α des rotierenden Körpers entsprechen den Teilchen P_α unseres Ensembles. — Mit den trägen Massen

$$m_\alpha^* = m_\alpha \left(\frac{9}{2} \frac{f}{c^2} \frac{M}{R}\right) + m_\alpha \left(\frac{3f}{c^2} \sum_{\beta \neq \alpha}^{n} \frac{m_\beta}{r_{\alpha\beta}}\right) = \bar{m}_\alpha^* + \delta m_\alpha^* \qquad (17\,\text{a})$$

lauten die Bewegungsgleichungen (14) für ein Teilchen P_α:

$$F_\alpha^i + m_\alpha f \left[\frac{d}{dt}\left\{-\frac{3}{c^2} \sum_{\beta \neq \alpha} \frac{m_\beta}{r_{\alpha\beta}} (v_\alpha^i - v_\beta^i)\right\} + \right.$$

$$\left. + \frac{\partial}{\partial x_\alpha^i}\left\{\sum_{\beta \neq \alpha} \frac{m_\beta}{r_{\alpha\beta}}\left(1 + \frac{3}{2} \frac{v_{\alpha\beta}^2}{c^2}\right)\right\}\right] = \bar{m}_\alpha^* \dot{v}_\alpha^i = m_\alpha \left(\frac{9}{2} \frac{f}{c^2} \frac{M}{R}\right) \dot{v}_\alpha^i . \qquad (17)$$

Wir nehmen nun an, daß die NEWTONsche Potentialfunktion der MACHschen Wolke

$$f^{-1} \Phi = \sum_A^M \frac{m_A}{r_{\alpha A}} = \frac{3}{2} \frac{M}{R} \text{ mit } M = \sum_A^M m_A$$

in (7) abnimmt und schließlich gegen Null geht (entweder weil der Radius R der Wolke stetig anwächst — Expansion des Universums (§ 6) —, oder weil stetig Teilchen P_A aus der Wolke verschwinden, so daß M abnimmt). Dann gehen bei festgehaltenem instantanem Wert f der Gravitationskonstante die trägen Massen (17a) in die durch das Teilchen-Ensemble allein induzierten, von den Relativkoordinaten abhängigen δm_α^* über:

$$m_\alpha^* \to \frac{3f}{c^2} m_\alpha \sum_{\beta \neq \alpha}^{n} \frac{m_\beta}{r_{\alpha\beta}} = \delta m_\alpha^* . \qquad (17\,\text{b})$$

Gehen wir aber davon aus, daß wir gemäß § 2 die effektive Gravitationskonstante f^* über das NEWTONsche Gravitationsgesetz gemäß

$$\dot{v}_\alpha^i = -f \frac{m_\alpha}{\bar{m}_\alpha} \sum_{\beta \neq \alpha}^{n} \frac{m_\beta}{r_{\alpha\beta}^3} x_{\alpha\beta}^i = -f \left(\frac{2\,c^2 R}{9\,f M}\right) \sum_{\beta \neq \alpha}^{n} \frac{m_\beta}{r_{\alpha\beta}^3} x_{\alpha\beta}^i =$$

$$= -f^* \sum_{\beta \neq \alpha}^{n} \frac{m_\beta}{r_{\alpha\beta}^3} x_{\alpha\beta}^i \qquad (18)$$

bestimmen und die trägen Massen $\bar{m}_\alpha^*$ selbst dynamisch als Trägheitswiderstand definieren, so werden wir die Beziehungen (17) so deuten, daß mit expandierendem Kosmos (oder verschwindenden kosmischen Massen), also mit abnehmendem Betrag von M/R, die effektive Gravitationskonstante f^* anwächst. Sind $f_0 = f$, M_0 und R_0 die heutigen Werte der Gravitationskonstanten sowie der Masse und des Radius der MACHschen Wolke, so gilt für veränderte Werte M und R:

$$f^* = \frac{2}{9}\frac{c^2 R}{M} = \left(\frac{R}{M}\right)\left(\frac{M_0}{R_0}\right) f = \frac{m_\alpha}{m_\alpha^*} f\,. \tag{19}$$

— Analog gilt für alle nichtgravischen Kopplungskonstanten mit den derzeitigen Werten $\underset{L}{k_0} = \underset{L}{k}$:

$$\underset{L}{k^*} = \underset{L}{k}\frac{m_\alpha}{m_\alpha^*} = \left(\frac{R}{M}\right)\left(\frac{M_0}{R_0}\right)\underset{L}{k}\,, \tag{19a}$$

so daß das Verhältnis der Kopplungskonstanten

$$\underset{L}{k^*} : f^* = \underset{L}{k} : f \tag{19b}$$

unverändert bleibt.

Die Bewegungsgleichungen (14) bekommen so die Form

$$m_\alpha \dot{v}_\alpha^i = - m_\alpha \frac{2\,R\,c^2}{9\,M}\frac{d}{dt}\left(3 \sum_{\beta \neq \alpha} \frac{m_\beta}{r_{\alpha\beta}} v_{\alpha\beta}^i\right) + \\ + m_\alpha \frac{2\,R\,c^2}{9\,M}\frac{\partial}{\partial x_\alpha^i}\left[\sum_{\beta \neq \alpha} \frac{m_\beta}{r_{\alpha\beta}}\left(1 + \frac{3}{2}\frac{v_{\alpha\beta}^2}{c^2}\right)\right] + \frac{2\,R\,c^2}{9\,M} f^{-1} F_\alpha^i\,. \tag{20}$$

Dies bedeutet

$$m_\alpha \frac{d}{dt}\left[\left(1 + \frac{3}{c^2} f^* \sum_{\beta \neq \alpha} \frac{m_\beta}{r_{\alpha\beta}}\right) v_\alpha^i\right] = m_\alpha g_\alpha^{*i} + F_\alpha^{*i}\,, \tag{21}$$

d. h. für $R \to \infty$ oder $M \to 0$ wird der NEWTONsche Trägheitsterm in (20) unendlich klein gegenüber den Wechselwirkungskräften im Teilchen-Ensemble. Es gilt dann:

$$-\frac{d}{dt}\left(\frac{3\,f}{c^2} \sum_{\beta \neq \alpha} \frac{m_\beta}{r_{\alpha\beta}} v_{\alpha\beta}^i\right) + \frac{\partial}{\partial x_\alpha^i}\left(f \sum_{\beta \neq \alpha} \frac{m_\beta}{r_{\alpha\beta}}\left[1 + \frac{3}{2\,c^2} v_{\alpha\beta}^2\right]\right) + \\ + \frac{F_\alpha^i}{m_\alpha} = 0\,. \tag{22}$$

In diesem Falle wird die Dynamik des Teilchen-Ensembles allein durch die Wechselwirkung zwischen den Teilchen P_α des Ensembles selbst bestimmt, d. h. diese Dynamik hängt nur von den Relativgeschwindigkeiten $v^i_{\alpha\beta} = v^i_\alpha - v^i_\beta$ der Teilchen des Ensembles zueinander ab, und es geht keine NEWTONsche Trägheitskraft in die Dynamik ein.

Der Trägheitswiderstand[1] reduziert sich somit auf die nur von den Relativgeschwindigkeiten abhängige gravische Induktionswirkung der Massenelemente aufeinander. Ein isolierter Massenpunkt ist überhaupt kräfte- und trägheitsfrei, und damit ist für ihn dynamisch auch keine Rotation definiert. Dies löst das MACHsche Paradox auf. — Allgemein verschwinden bei einer starren Rotation die vom rotierenden Körper auf seine Massenelemente induzierten Trägheitskräfte:

$$\frac{d}{dt}\frac{\partial L^*}{\partial v^2_\alpha} = \frac{3\,f}{c^2}\,dm_\alpha\,\frac{d}{dt}\sum_\beta \frac{dm_\beta\,[\vec{\omega}, r_{\alpha\beta}]^i}{r_{\alpha\beta}} = 0\,, \tag{22a}$$

so daß sich die Gleichgewichtsbedingung (16) auf den trägheitsfreien Ausdruck

$$F^i_\alpha + dm_\alpha\,\frac{\partial}{\partial x^i_\alpha}\left(\sum_\beta \frac{f\,dm_\beta}{r_{\alpha\beta}}\left\{1 + \frac{3}{2}\frac{v^2_{\alpha\beta}}{c^2}\right\}\right) = 0 \tag{23}$$

reduziert. Damit sind die Gleichgewichtsfiguren für homogene Flüssigkeiten dann nahezu sphärisch. (Der relativistische Faktor $\left(1 + \frac{3}{2}\frac{v^2}{c^2}\right)$ in (23) bedeutet eine LORENTZ-artige Deformation.)

Der einfachste Fall der „trägheitslosen" Bewegungsgleichungen (22) ist das gravische Zweikörperproblem ($n = 2$). Für die zwei Teilchen P_1 und P_2 im sonst leeren Kosmos lautet die LAGRANGE-Funktion mit (19)

$$L^* = f^*\frac{m_1\,m_2}{r}\left(1 + \frac{3}{2}\frac{v^2}{c^2}\right) = f^*\frac{m_1\,m_2}{r}\left(1 + \frac{3}{2\,c^2}\,[\dot{r}^2 + r^2\dot{\varphi}^2]\right). \tag{24}$$

Hierbei sind $x^i = x^i_{12}$, $r = r_{12}$ und $v^i = v^i_{12}$ die Relativkoordinaten bzw. Relativgeschwindigkeiten. (24) führt auf die HAMILTON-Funktion

$$H^* = -\,f^*\frac{m_1\,m_2}{r}\left(1 - \frac{3}{2}\frac{v^2}{c^2}\right) = m_1\,m_2\,f^*\,k = \text{const} \tag{24a}$$

[1]) C. NEUMANN (1870) hat behauptet, daß für zwei Körper in einem sonst leeren Kosmos die Radialbewegung der allgemeinste mögliche Bewegungstyp ist, wenn nicht auf den absoluten Raum referiert wird. Die Gleichungen (24) und (25) zeigen, daß dies nicht zutrifft. (NEUMANNS Behauptung träfe nur bei einem reinen WEBER-Potential zu.)

und auf den Drehimpulssatz

$$\frac{\partial L^*}{\partial \dot{\varphi}} = \frac{3}{c^2} f^* m_1 m_2 r \dot{\varphi} = \frac{3}{c^2} f^* m_1 m_2 h = \text{const}\,. \tag{24b}$$

Die Bewegungsgleichungen lauten mit $r = r(\varphi)$:

$$\left(-2 + \frac{3h^2}{c^2}\right) r + \frac{3h^2}{c^2} r'' = 3kr^2\,. \qquad (25)^{1)}$$

(Sie unterscheiden sich also im Prinzip nicht von § 2, (34), wo $\beta/c^2 \to \infty$ angenommen und für die Gravitationskonstante ihr heutiger Wert f eingesetzt wurde.)

Wir sehen, daß bei Verschwinden der Trägheitsinduktion durch den Kosmos die Bewegungsgleichungen für das Zweikörperproblem sich auf diejenigen für die Relativbewegung reduzieren. Der kanonische Impuls des Zweiteilchensystems verschwindet hierbei (in Übereinstimmung mit den allgemeinen Sätzen in II, § 4) identisch:

$$\frac{\partial L^*}{\partial v_1^i} = \frac{3f^*}{c^2} \frac{m_1 m_2}{r} v_{12}^i = -\frac{\partial L^*}{\partial v_2^i}\,. \tag{26}$$

Diese Reduktion der Dynamik des Zweikörperproblems im sonst leeren Kosmos auf die Bestimmung der Relativgrößen ist ein klarer Ausdruck des MACHschen Prinzips. — In der NEWTONschen Mechanik tritt zu den Bewegungsgleichungen für die Relativbewegungen hingegen noch die Konstanz der Schwerpunktgeschwindigkeit (s. II, § 1).

Wir heben noch hervor, daß für das n-Teilchen-Ensemble die relative Bedeutung der NEWTONschen Trägheitskräfte gegenüber den physikalischen Kräften zwischen den Teilchen des Ensembles mit abnehmender NEWTONscher Potentialfunktion M/R des Kosmos stetig abnimmt. (Entweder weil mit konstantem Wert f der Gravitationskonstante $\overline{m}_\varkappa^* \sim M/R$ ist oder weil bei dynamisch bestimmten $\overline{m}_\varkappa^*$ alle Kopplungskonstanten $\sim R/M$ anwachsen).

Da gemäß den Weltmodellen aus § 6 der reale Kosmos expandiert ($R \to \infty$ für $t \to \infty$), nimmt also nach der RIEMANN-MACHschen Dynamik die relative Bedeutung der Trägheitskräfte gegenüber den lokalen „physikalischen" Kräften in unserem Universum laufend ab. Somit nähern sich insbesondere die Gleichgewichtsfiguren der Himmelskörper (und allgemein diejenigen von rotierenden Flüssigkeiten) im Laufe der Entwicklung des Kosmos immer mehr der Kugelform an, während in den Frühzeiten des Kosmos die Rotationsfiguren der Himmelskörper bei gleicher Rotationsgeschwindigkeit stärker abgeplattet waren als heute (s. Anhang II).

Allgemein ergibt sich aus obigem für irgendein Teilchen-Kollektiv, dessen Dynamik durch eine RIEMANNsche Mechanik mit MACHschem Prinzip und vorgegebener Konstante β/c^2 für die Trägheitsinduktion bestimmt wird (wobei das NEWTONsche Potential eine beliebige physikalische Bedeutung haben kann), eine fundamentale Beziehung zwischen der Partikel-Dynamik und dem Kollektiv:

Die Trägheit der Partikeln eines (vollständig isolierten) Kollektivs ist ein Kollektiv-Effekt des gemittelten Potentials der Teilchen. Je größer dieser Kollektiv-Effekt ist (d. h. je größer das gemittelte Potential der MACHschen Teilchenwolke ist), desto geringer wird der Einfluß der lokalen Wechselwirkungen (der Störungen durch die physikalischen Kräfte). Für die Bewegung der einzelnen Teilchen ist bei sehr großem (oder sehr dichtem) Teilchen-Kollektiv (gemitteltes Potential $\Phi \to \infty$) die Bewegung der einzelnen Partikeln von den lokalen Kräften praktisch unabhängig; die Partikeln bewegen sich allein entsprechend ihrer durch das Kollektiv-Potential $\Phi \sim M/R$ induzierten Trägheit. – Hingegen reduziert sich für ein sehr kleines (oder sehr aufgelockertes) Teilchen-Kollektiv ($\Phi \to 0$) die Partikel-Dynamik auf die lokalen Wechselwirkungen.

Der Kosmos ist gemäß der MACH-EINSTEIN-Doktrin (§ 2) ein Modell eines solchen Teilchen-Kollektivs, in dem $\Phi = \frac{3}{2} \frac{f M}{R}$ das globale Gravitationspotential im Zentralgebiet ist.

§ 6. *Kosmologische Fragen*

Die Behandlung des kosmologischen Problems in der RIEMANN-MACHschen Mechanik verläuft analog zu der in der „NEWTONschen Kosmologie" gemäß MILNE. Jedoch ist bei uns die von O. HECKMANN für die NEWTONsche Kosmologie auf Grund des kosmologischen Prinzips konstatierte Relativität der Bewegung der „Fundamentalbeobachter" auf Grund der allgemeinen Relativität der translatorisch beschleunigten Bewegung (s. § 4) bereits durch die Grundlagen der Dynamik impliziert.

Wir betrachten die Massen m_A in der kosmischen Wolke als „Fundamentalpartikeln". Für eine endliche Wolke solcher Fundamentalpartikel im sonst leeren Raum führt gemäß MILNE eine Wahrscheinlichkeitsverteilung (also das Fehlen einer systematischen Bewegung in der Wolke) ihrer Geschwindigkeiten zu einer radialen Expansion der Wolke mit dem isotropen Geschwindigkeitsfeld

$$\frac{x^i_{AB}(v^i_A - v^i_B)}{r_{AB}} = \dot{r}_{AB} = \frac{d}{dt}(r_A - r_B)\,. \tag{1}$$

Die LAGRANGE-Funktion lautet damit

$$L^* = f \sum_{A>B} \frac{m_A\, m_B}{r_{AB}} \left(1 + \frac{\beta}{c^2}\, \dot{r}^2_{AB}\right). \tag{2}$$

Indem wir nun von der üblichen kosmologischen Hypothese ausgehen, daß die räumliche Verteilung der Fundamentalpartikeln im Kosmos im Mittel homogen und isotrop ist und indem wir für die Distanz einen Mittelwert

$$\overline{r_A - r_B} = r \tag{3}$$

einführen, erhalten wir als Mittelwert des NEWTONschen Potentials der Wolke

$$-f\,\frac{M}{r} \tag{4}$$

und demnach als Mittelwert des zusätzlichen RIEMANNschen Anteils

$$\frac{\beta}{c^2}\,\frac{f\,M}{r}\,\dot{r}^2\,. \tag{4a}$$

Das gesamte RIEMANNsche Potential der Wolke ist also durch

$$V = -\frac{f\,M}{r}\left(1 - \frac{\beta}{c^2}\,\dot{r}^2\right) \tag{5}$$

gegeben. Hierbei ist

$$M = \frac{4}{3}\pi\,\varrho\, r^3 = \sum m_A \tag{5a}$$

die gravische Gesamtladung (gesamte schwere Masse) der Wolke.

Die LAGRANGE-Funktion zu (5) lautet

$$L^* = \frac{\beta}{c^2}\,\frac{f\,M^2}{r}\,\dot{r}^2 + \frac{f\,M^2}{r}\,. \tag{6}$$

Demnach ist

$$H = \frac{\beta}{c^2}\,f\,\frac{M^2}{r}\,\dot{r}^2 - f\,\frac{M^2}{r} = E = \text{const} \tag{7}$$

die Gesamtenergie der Wolke. Für (7) können wir auch schreiben

$$f\,M\,\frac{\beta}{c^2}\,\dot{r}^2 - f\,M - k\,r = 0 \qquad \left(k = \frac{E}{M}\right). \tag{8}$$

Bei der Lösung der Gleichung (8) unterscheiden wir den Fall der verschwindenden Gesamtenergie

$$k = 0\,, \tag{9a}$$

der positiven Gesamtenergie

$$k > 0 \tag{9b}$$

und der negativen Gesamtenergie

$$k < 0\,. \tag{9c}$$

Im Falle (9a) folgt durch Integration von (8):

$$r = \frac{c}{\sqrt{\beta}}\,t + \text{const} \tag{10}$$

und somit eine lineare Expansion der Wolke mit der „HUBBLE-Konstante"

$$\frac{\dot{r}}{r} = t^{-1}\,. \tag{10a}$$

(9b) und (9c) führen zu einem quadratischen Expansionsgesetz:

$$\frac{4\,f^2\,M^2}{k^2}\left(\frac{k\,r}{f\,M} + 1\right) = \left(\frac{c}{\sqrt{\beta}}\,t + \text{const}\right)^2. \tag{11}$$

Wir sehen, daß der Fall der negativen Gesamtenergie (9c) auszuschließen ist, da r nur positiv sein kann.

Zur Konkurrenz stehen also ein gleichmäßig expandierender Kosmos (10) und der Kosmos (11) mit gleichmäßig beschleunigter Expansion:

$$\dot{r} = \frac{k\,c^2\,t}{2\,\beta\,f\,M} + \text{const.} \tag{11a}$$

Der gleichmäßig expandierende Kosmos (10) entspricht hier der parabolischen und der beschleunigt expandierende Kosmos einer hyperbolischen Expansionsgeschwindigkeit[1]).

Der signifikante Unterschied dieser kosmologischen Modelle zu denen der dynamischen Kosmologie von MILNE, MCCREA und HECKMANN

[1]) Im Gegensatz hierzu ist in der relativistischen Kinematik der gleichmäßig expandierende Kosmos hyperbolisch.

ist, daß in der Gleichung (8) an die Stelle der Konstanten M der dynamischen Kosmologie die Funktion

$$\frac{M^2 f \beta}{c^2 r} = \frac{3}{2} f \frac{M^2}{c^2 r} \tag{12}$$

tritt, die zum Ausdruck bringt, daß die trägen Massen entsprechend der MACH-EINSTEIN-Doktrin mit wachsendem Weltradius r abnehmen (s. § 5).

Wie in § 5, (19) stellt sich diese Abnahme der trägen Massen aufgrund der dynamischen Massendefinition so dar, daß der effektive Wert f^* der Gravitationskonstanten gemäß dem Gesetz

$$f^* = \left(\frac{r}{r_0}\right) f_0 = \left(\frac{r}{r_0}\right) f \quad (r_0 = \text{instantaner Wert von } r)$$

$$(f_0 = f = \text{instantane effektive Gravitationskonstante}) \tag{13}$$

anwächst[1]).

Auf dieselbe Weise ändern sich auch die effektiven Werte aller nichtgravischen Kopplungskonstanten, so daß das effektive Verhältnis dieser Kopplungskonstanten zur Gravitationskonstanten f^* unverändert bleibt (s. § 5, (19b)).

Wie in der NEWTONschen Kosmologie, so sind auch hier die optischen und elektrodynamischen Verhältnisse im Kosmos völlig offen. Wir haben ja nur eine Gravitationsmechanik mit der GALILEI-Gruppe als kinematische Gruppe eingeführt, deren Beziehungen zur LORENTZ-kovarianten relativistischen Physik und insbesondere zur Elektrodynamik ungeklärt sind (s. den folgenden § 7).

[Eine GALILEI-invariante Optik entsprechend der ballistischen Lichttheorie von RITZ würde einen nur von den Relativgeschwindigkeiten abhängigen DOPPLER-Effekt liefern, so daß in diesem Fall aus unserem Weltmodell mit (1) der HUBBLE-Effekt als RITZscher DOPPLER-Effekt resultieren könnte. — Die RITZsche Theorie ist aber grundsätzlich kein annehmbares Fundament für die Elektrodynamik.[2])]

---

[1]) Diese Beziehung hat unsere Kosmologie mit der kinematischen Relativitätstheorie von MILNE gemeinsam (s. § 7).

[2]) Vgl. H.-J. TREDER l. c. — Die verschiedenen Fassungen der ballistischen Lichttheorie führen übrigens zu unterschiedlichen Aussagen über die interferometrische und spektrometrische Nachweisbarkeit der DOPPLERschen Linienverschiebung (s. W. PAULI 1921).

§ 7. Beziehungen zur Relativitätstheorie

Die in diesem Teil entwickelte RIEMANNsche Mechanik mit MACH-EINSTEIN-Doktrin ist eine reine Mechanik und zunächst überhaupt nicht in die allgemeine Physik eingegliedert. Eine solche Eingliederung ist nur möglich, wenn die Beziehungen dieser Mechanik zur Relativitätstheorie, die den kinematischen Rahmen für die Physik liefert, geklärt werden.

Wie verschiedentlich hervorgehoben, bestehen fundamentale Gemeinsamkeiten zwischen der durch die MACH-EINSTEIN-Doktrin modifizierten RIEMANNschen Mechanik und der allgemeinen Relativitätstheorie, indem in beiden Theorien das Prinzip der Äquivalenz von träger und schwerer Masse konstruktiv enthalten ist und es in beiden Theorien ferner eine dynamische Relativität der Bezugssysteme gibt — Jedoch ist die entsprechende Invarianz-Gruppe in der allgemeinen Relativitätstheorie die EINSTEIN-Gruppe der allgemeinen raum-zeitlichen Koordinatentransformationen $x^{I\nu} = x^{I\nu}(x^\lambda)$, also eine Verallgemeinerung der LORENTZ-POINCARÉ-Gruppe:

$$x^{I\nu} = \omega^\nu_\alpha x^\alpha + \alpha^\nu, \quad \text{mit} \quad \omega^\nu_\alpha \omega^\alpha_\mu = \delta^\nu_\mu; \quad (\mu, \nu = 0, 1, 2, 3)$$
$$\omega^\nu_\alpha, \alpha^\nu = \text{const}.$$

In der RIEMANN-MACHschen Mechanik ist die Invarianz-Gruppe hingegen die verallgemeinerte GALILEI-Gruppe aus § 4:[1])

$$dx'^i = dx^i + V^i(t)\, dt \qquad (i = 1, 2, 3) \tag{1}$$

[1]) POINCARÉ hat (1904) bemerkt, daß in einer einem dynamischen Relativitätsprinzip genügenden Mechanik nicht die absoluten kinematischen Größen, sondern nur die relativen Größen — relativer Ort, relative Geschwindigkeiten und relative Beschleunigungen (eventuell auch relative höhere Derivierte) — eingehen dürfen. Dies bedeutet gemäß POINCARφ, daß nicht die Größen

$$\frac{d^n}{dt^n} x^i \; (n \geqq 0) \quad (i = 1, 2, 3)$$

selbst in die Bewegungsgleichungen der Teilchen eingehen dürfen, sondern nur die Differenzen

$$x^i_{AB} = x^i_A - x^i_B$$
$$v^i_{AB} = v^i_A - v^i_B$$
$$\dot v^i_{AB} = \dot v^i_A - \dot v^i_B = \frac{d^2}{dt^2} x^i_{AB},$$

(Nur die rein räumlichen Transformationen

$$x'^i = x'^i(x)$$

haben beide Theorien gemeinsam.) —

Daher ist trotz der engen Beziehungen zur allgemeinen Relativitätstheorie die Einordnung unserer Mechanik in die relativistische Physik ein völlig offenes Problem; die folgenden Bemerkungen hierzu sind durchaus spekulativer Natur:

Wir hatten in § 2 und § 3 gefordert, daß die sich aus der RIEMANNschen Mechanik ergebende Abhängigkeit der trägen Masse m_a^* einer Partikel P_a von den lokalen Gravitationspotentialen der gravitierenden Massen ihrer Umgebung im Lokalen identisch ist mit der in der allgemeinen Relativitätstheorie gemäß der EINSTEINschen Definition der trägen Masse folgenden Abhängigkeit. Dadurch korrespondiert die lokale Trägheitsinduktion gemäß RIEMANN mit der lokalen Deformation der Metrik $g_{\mu\nu}$, die sich über die EINSTEINschen Gravitationsgleichungen als Wirkung der lokalen Massen ergibt. Die Induktionszahl β wurde über diese Korrespondenz zu $\beta = \frac{3}{2}$ bestimmt. Wir können diese Korrespondenz zur Geometrisierung der Gravitation nun weiter verfolgen.

Zwischen der ,,Induktionskonstanten'' $\frac{\beta}{c^2} = \frac{3}{2\,c^2}$ und dem mittleren Gravitationspotential Φ im Zentrum des Kosmos besteht nach § 2, (22) der Zusammenhang

$$c^2 = 3\, f\, \Sigma \frac{m_A}{r_A} = 3\,\Phi = \frac{9}{2} f \frac{M}{R} \qquad (M = \Sigma\, m_A)\,.$$

Diese Beziehung könnten wir auffassen als Bestimmung der effektiven

also allgemein

$$\frac{d^n}{dt^n} x^i_{AB} = \frac{d^n}{dt^n} (x^i_A - x^i_B) \; (n \geqq 0)\,,$$

zwischen den jeweiligen kinematischen Größen der Teilchen. — Eine POINCARÉS Relativitäts-Postulat genügende Dynamik ist invariant gegenüber der verallgemeinerten GALILEI-Gruppe

$$dx'^i_A = dx^i_A + V^i(t)\, dt$$

bzw. deren Integral

$$x'^i_A = x^i_A + \varrho^i(t)\,,$$

wo $V^i(t)$ bzw. $\varrho^i(t)$ beliebige Funktionen von t sind.

Lichtgeschwindigkeit c_{eff} durch Φ:

$$c_{\text{eff}} = \sqrt{3}\,\sqrt{\Phi}\,. \tag{2}$$

Mit (2) würde (im Lokalen) die NEWTONsche Mechanik der gemeinsame Grenzfall der RIEMANN-MACHschen Dynamik und der allgemeinen Relativitätstheorie: In der RIEMANN-MACHschen Dynamik ist gemäß § 2 für

$$\Phi \to \infty \leftrightarrow \frac{2}{3\,c^2} \to 0 \tag{2a}$$

die NEWTONsche Himmelsmechanik lokal in Strenge gültig. In der allgemeinen Relativitätstheorie entsteht für

$$g_{00} = c^2 \to \infty \qquad (g_{i0} = 0,\ \det g_{ik} \neq 0) \tag{2b}$$

aus der vierdimensionalen die NEWTONsche Raum-Zeit mit GALILEI-NEWTONscher Gravitations-Dynamik (K. O. FRIEDRICHS 1927). Die RIEMANN-MACHsche Mechanik und die allgemeine Relativitätstheorie besitzen mit (2) also beide die GALILEI-NEWTONsche Dynamik als Grenzfall für eine unendlich große Lichtgeschwindigkeit.

Nun ist gemäß der speziellen Relativitätstheorie jeder Energie E eine träge Masse E/c^2 zugeordnet. Wenn auch diese träge Masse durch den Kosmos induziert werden soll, muß c_{effektiv} durch den Kosmos bestimmt werden. — Im Grenzfall (2a) kommt dann einer endlichen Energie E keine träge Masse mehr zu, so daß dann die Partikel-Mechanik ohne jede Rücksicht etwa auf die Trägheitseigenschaften des elektromagnetischen Feldes aufgebaut werden könnte.

Dies legt den Versuch nahe, die endliche Lichtgeschwindigkeit c im aktuellen Kosmos als Geschwindigkeit gegenüber der gemittelten kosmischen Massenverteilung aufzufassen und darüber hinaus die von der relativistischen Mechanik konstatierte Geschwindigkeits- (d. h. Energie-) abhängigkeit der trägen Massen als Induktionswirkung des Kosmos, der somit die gesamte Trägheit der Körper bestimmt, aufzufassen. Dies würde eine Ersetzung des NEWTON-RIEMANNschen Gravitationspotentials, dem eine instantane Wirkung entspricht, durch ein retardiertes Potential verlangen (und folglich müßte die LAPLACE-Gleichung durch eine entsprechende Wellengleichung ersetzt werden). Retardierung und Wellengleichung müßten hier aber auf GALILEI-invariante Weise eingeführt werden. Dies wird dadurch möglich, daß Wellenausbreitung und Retardierung im Sinne von W. RITZ aufgefaßt werden, so daß in die Fortpflanzungsgeschwindigkeit einer gravischen Wirkung additiv die Relativgeschwindigkeit von Quelle und Aufpunkt eingeht.

Da nun die träge Masse m^* eines Körpers im wesentlichen durch das kollektive Gravitationspotential des Kosmos bestimmt wird, werden die bei der RITZschen Retardierung der Trägheitswirkungen zu berücksichtigenden Relativgeschwindigkeiten der Körper ihre Relativgeschwindigkeiten zum Kosmos sein[1]). — Ob eine derartige Ersetzung der NEWTONschen Potentialfunktion $\sim 1/r$ durch retardierte Gravitationspotentiale im Sinne von RITZ — und damit die Ersetzung der LAPLACE-Gleichung für das Gravitationspotential durch eine RITZsche Wellengleichung — tatsächlich die relativistische Dynamik (oder wenigstens die Energieabhängigkeit der trägen Massen) modellieren kann, ist aber noch völlig offen.

In jedem Falle muß die RIEMANN-MACHsche Mechanik ein Grenzfall einer allgemein-relativistischen Physik sein. Einen derartigen Grenzfall könnte die RIEMANN-MACHsche Mechanik in zweierlei Hinsicht darstellen:

1. könnte man annehmen, daß die RIEMANN-MACHsche Mechanik eine 1. Näherung für den Grenzfall

$$v^2 \ll c^2, \qquad \sum_{\beta \neq \alpha}^{n} f \frac{m_\beta}{r_{\alpha\beta}} \ll c^2, \tag{3}$$

d. h. für kleine Relativgeschwindigkeiten und kleine *lokale* Gravitationspotentiale, ist. Dann wäre die gegenwärtige allgemeine Relativitätstheorie so zu modifizieren, daß aus ihren Feld- und Bewegungs gleichungen nunmehr in der Näherung (3) die RIEMANN-MACHsche Gravitations-Dynamik — und nicht die NEWTONsche — folgt.[2])

Gemäß dieser Auffassung wäre in der gegenwärtigen allgemeinen Relativitätstheorie die MACH-EINSTEIN-Doktrin deswegen nicht enthalten, weil sie davon ausgegangen ist, daß aus ihr als 1. Näherung die NEWTONsche (und nicht die RIEMANNsche) Gravitations-

[1]) Zwischen einer solchen Auffassung und der von H. HOLST (1920) vorgeschlagenen „kausalen" Interpretation der Relativitätstheorie besteht eine offensichtliche Verwandtschaft.

[2]) Die NEWTONsche Mechanik gilt dann nicht für kleine Störungen im gravitationsfreien Raum, sondern für die Störungen eines gegen unendlich gehenden mittleren kollektiven Potentials des Kosmios ($M \to \infty$, $\beta \to 0$).

dynamik resultieren soll. Denn mit der Forderung der angenäherten Gültigkeit der NEWTONschen Gravitations-Mechanik übernahm die allgemeine Relativitätstheorie gleichzeitig auch die Annahme, daß in nullter Näherung Beschleunigung und Trägheits-Kompaß unabhängig vom physikalischen Inhalt der Raum-Zeit vorgegeben sind, also die von WEYL hervorgehobene „Übermacht des Äthers" über die „ponderable Materie".

2. könnte man von der Bemerkung ausgehen, daß die Symmetrien der physikalischen Raum-Zeit an die Art der Wechselwirkungen gebunden sind. Das elektromagnetische Feld repräsentiert eine andere (viel stärkere) Wechselwirkung als die Gravitation. Grundsätzlich wäre es möglich, daß die reine Elektrodynamik als kinematische Symmetriegruppe die LORENTZ-POINCARÉ-Gruppe und die reine Gravitationsdynamik als kinematische Gruppe die verallgemeinerte GALILEI-Gruppe (1) besitzt. Eine einheitliche, Elektro- und Gravitationsdynamik gemeinsam enthaltende Relativitätstheorie würde dann (bis auf triviale Untergruppen) keine kinematische Invarianzgruppe mehr besitzen. Vielmehr würde der Kosmos (mit dem kanonischen Gesamtimpuls Null (s. § 2)) ein ausgezeichnetes Bezugssystem darstellen, auf das Gravitations- und Elektrodynamik gemeinsam zu beziehen sind. (Tatsächlich besitzt ja auch die allgemeine RIEMANNsche Raum-Zeit der allgemeinen Relativitätstheorie keine Symmetriegruppen mehr.) — Die RIEMANN-MACHsche Mechanik mit der kinematischen Symmetriegruppe (1) wäre hierbei derjenige Grenzfall der relativistischen Physik, der sich bei rein gravischer Wechselwirkung ergibt (und die LORENTZ-kovariante MAXWELLsche Theorie der Grenzfall einer reinen Elektrodynamik — ohne Berücksichtigung von Gravitation und Trägheit). — Die Durchführbarkeit einer solchen Auffassung ist natürlich sehr problematisch[1]).

Die Deutung der Relativität der Trägheit durch die Modellierung der MACH-EINSTEIN-Doktrin in der RIEMANNschen Gravitations-Mechanik ist komplementär zu den Versuchen, die MACH-EINSTEIN-Doktrin in der allgemeinen Relativitätstheorie zu verankern. Bei letzteren

---

[1]) Es sei darauf hingewiesen, daß E. A. MILNE (1937/1948) in seiner „Relativistischen Kinematik" (s. u.) für die Elektrodynamik und für die Gravitationsdynamik tatsächlich verschiedene kinematische Gruppen, nämlich LORENTZ-Gruppe und GALILEI-Gruppe, hergeleitet hat (und zwar unter Hinweis auf das MACHsche Prinzip).

Versuchen wird das MACHsche Prinzip als ein Auswahlprinzip benutzt, das aus der Lösungsmannigfaltigkeit der EINSTEINschen Gravitationsgleichungen diejenigen Lösungstypen auswählt, die eine Relativität der Trägheit entsprechend der MACH-EINSTEIN-Doktrin in irgendeinem Sinne modellieren sollen.[2]) — In unserer RIEMANN-MACHschen Mechanik ist die MACH-EINSTEIN-Doktrin primärer Ausgangspunkt, und aus der Mannigfaltigkeit der möglichen Kosmen sind als physikalisch diejenigen ausgezeichnet, die angenähert die NEWTONsche Gravitationstheorie liefern. Beides führt natürlich zu einer Bestimmung von „Integrationskonstanten".

Gehen wir etwa in die allgemein-relativistische FRIEDMANN-Gleichung

$$\left(\frac{\dot{R}}{R}\right)^2 + \frac{\varepsilon}{R^2} = \frac{8\pi f}{3c^2}\varrho \qquad (\varepsilon = +1, 0, -1) \tag{4}$$

für einen relativistischen Evolutionskosmos mit den aus § 2 (23) und $\beta = 3/2$ folgenden Beziehungen zwischen dem instantanen Weltradius R_0 und der instantanen Massendichte ϱ_0 ein, so erhalten wir:

$$\left(\frac{\dot{R}}{R}\right)_0^2 + \frac{\varepsilon}{R_0^2} = \frac{2}{3\beta R_0^2} = \frac{4}{9R_0^2}. \tag{5}$$

Aus (5) lesen wir ab, daß nur ein hyperbolischer FRIEDMANN-Kosmos ($\varepsilon = -1$) mit der Kosmologie der MACH-EINSTEIN-Doktrin korrespondiert.

In diesem Kosmos ist die instantane Massendichte ϱ_0 theoretisch bestimmt durch die Angabe, daß bereits eine etwas größere Massendichte als die (5) entsprechende Dichte

$$\varrho_0 = \frac{3c^2}{8\pi f}\frac{4}{9R_0^2} = \frac{c^2}{6fR_0^2}, \tag{6}$$

nämlich die Massendichte

$$\tilde{\varrho}_0 = \frac{9}{4}\varrho_0 = \frac{1}{R_0^2}, \tag{7}$$

[1]) Siehe z. B. die Arbeiten von J. A. WHEELER (1964) und H. HÖNL (1965). — Für EINSTEIN war dieses Auswahlprinzip zeitweilig fundamentaler Aspekt der Kosmologie (s. § 4).

die minimale Massendichte sein würde, die ein sphärischer FRIEDMANN-Kosmos ($\varepsilon = +1$) haben kann $\left[\left(\frac{\dot{R}}{R}\right)_0 = 0\right]$. — Demnach ist ein hyperbolisch expandierendes Universum ein gemeinsames Ergebnis sowohl der relativistischen Kosmologie als auch der in § 6 skizzierten.

Ein weiterer Unterschied zwischen der gravischen Induktion der Trägheit gemäß WEBER-RIEMANN und MACH-EINSTEIN einerseits und allgemein-relativistischen Ansätzen zur Modellierung des MACHschen Prinzips andererseits wird evident, wenn wir die RIEMANN-MACHsche Gravitationstheorie mit der sogenannten „Fernwirkungstheorie der Gravitation" von F. HOYLE (1964) vergleichen. Im Gegensatz zur ersteren ist die HOYLEsche Theorie in Wahrheit keine Fernwirkungs-, sondern eine echte Feldtheorie. Nur treten in HOYLES Theorie neben dem metrischen Tensorfeld $g_{\mu\nu}$ als zusätzliche skalare Felder noch die N Massenfunktionen

$$m'_A = m'_A(x^\nu) \qquad (A = 1, \ldots, N) \tag{8a}$$

auf, als deren Summen

$$m^*_B = \sum_{A \neq B}^{N} m'_A \tag{8b}$$

die trägen Massen m^*_A der N Teilchen P_A definiert werden. Diese Massenfunktionen sollen gemäß HOYLE einer besonderen Wellengleichung

$$m'_A + \frac{1}{6} R\, m'_A = 0 \tag{9}$$

genügen.

Insofern korrespondiert HOYLES Massenbestimmung mit den Gleichungen (1) und (2) aus § 3. Außerdem gelten bei HOYLE aber für den metrischen Tensor $g_{\mu\nu}$ entsprechend modifizierte EINSTEINsche Gleichungen; $g_{\mu\nu}$ ist das Gravitationspotential, und die Massenfunktionen $m'_A(x^\nu)$ sind spezielle, mit diesem Gravitationspotential gekoppelte, zusätzliche Felder. — Dagegen sind bei uns die „Massenfunktionen" durch die NEWTONschen Gravitationspotentiale selbst gegeben. Denn für die trägen Massen m^*_a gilt:

$$m'_A(x^i_a) = \frac{3}{c^2} f \frac{m_A\, m_a}{r_{aA}} \qquad (m_A = \text{schwere Masse})\,, \tag{10a}$$

$$m^*_a = \sum_{A \neq a}^{N} m'_A = \frac{3}{c^2} f \sum_{A \neq a}^{N} \frac{m_A}{r_{aA}} m_a \doteq m_a\,. \tag{10b}$$

Indem in HOYLES Theorie zu den Massen zusätzliche Feldvariable gehören, ist die MACH-EINSTEIN-Doktrin tatsächlich nicht mehr erfüllbar, da diese die Induktion der Trägheit durch das Gravitationspotential postuliert.[1])

Hingegen hat die hier vorgetragene Gravitations-Dynamik den Bezug des Trägheitsgesetzes auf den Kosmos (§ 4) mit der „kinematischen Relativitätstheorie" von MILNE (1935/1948) gemeinsam. An die Stelle des MILNEschen „Weltsubstrats" tritt bei uns die „MACHsche Partikelwolke". Nach MILNE bewegt sich eine Partikel dann frei, wenn ihre Bewegung allein durch dieses Substrat bestimmt wird; gemäß § 4 ist die „freie Bewegung" einer Partikel dann gegeben, wenn nur das globale Gravitationspotential der kosmischen Wolke auf die Partikel wirkt. — Dem „kinematischen Weltpostulat" von MILNE tritt hier die Aussage gegenüber, daß die LAGRANGE-Funktion der kosmischen Wolke explicite nur von den Relativgeschwindigkeiten v^i_{AB} der Partikeln abhängt.

Auch die kosmologischen Aussagen in § 6 haben eine Verwandtschaft zu denen in der kinematischen Kosmologie von MILNE. Insbesondere gibt es nach § 6 die Möglichkeit einer gleichmäßigen Expansion des Kosmos $R \sim t$. — Die Gleichung für die in § 5 definierte effektive Gravitationskonstante f^* unterscheidet sich nur durch einen Faktor der Größenordnung 1 von MILNES Ausdruck. Gemäß II, § 6 gilt mit den instantanen Werten $f = f_0$, $M = M_0$ und $R = R_0$ für Gravitationskonstante, Masse und Radius des Kosmos:

$$f^* = \frac{2}{9}\frac{R\,c^2}{M} = \left(\frac{R}{R_0}\right) f\,, \tag{11a}$$

während bei MILNE

$$f^* = \frac{R\,c^2}{M} = \left(\frac{R}{R_0}\right) f \tag{11b}$$

ist. Hierbei sind in (11a) M und R Masse und Radius der „MACHschen Wolke", in (11b) Masse und Radius des „sichtbaren Universums".

---

[1]) Bei HOYLE ist darüber hinaus das (schwache) EINSTEINsche Äquivalenzprinzip gebrochen, da jeder Partikel P_a ein besonderes skalares Feld entspricht, so daß — entsprechend der Problematik einer Definition der Metrik in Skalar-Tensor-Theorien der Gravitation — prinzipiell für jedes Teilchen P_a eine eigene Raum-Zeit-Metrik $\underset{a}{g'_{\mu\nu}}$ einzuführen ist.

Wie bei uns (11a), so ist nach MILNE (11b) als eine Konsequenz des MACHschen Prinzips aufzufassen.[1])

In allgemein-relativistischen Gravitationstheorien hat die Raum-Zeit eine RIEMANNsche Geometrie (Geochronometrie), deren Metrik $g_{\mu\nu}$ gemäß den EINSTEINschen Gravitationsgleichungen durch die Massen und Energien beeinflußt wird. Hingegen ist in der RIEMANN-MACHschen Dynamik — wie in der NEWTONschen Dynamik — eine euklidische Metrik für den dreidimensionalen Raum vorgegeben. Anders als die Verschiedenheit der kinematischen Gruppen (LORENTZ-Gruppe gegenüber GALILEI-Gruppe) ist diese unterschiedliche Bedeutung der Geometrie leicht zu verstehen, wenn wir von der in II, § 1 bemerkten unterschiedlichen Interpretation der Äquivalenz zwischen Trägheit und Schwere gemäß EINSTEIN und gemäß MACH ausgehen.

POINCARÉ („Wissenschaft und Hypothese", 1906) hat nachgewiesen, daß in der Physik weder der geometrischen Struktur des Raumes (G) noch dem Gesetz der physikalischen Dynamik (P) für sich allein eine Bedeutung zukommt. Der erfahrbare Inhalt der Physik ist vielmehr erst durch die POINCARÉsche Summe:

$$G + P$$

gegeben. Für alle lokalen Probleme ist die Zerlegung der physikalischen Tatbestände in die POINCARÉschen Summanden G und P — im Sinne eines allgemeinsten Relativitätsprinzips — beliebig. Diese beliebige Zerlegbarkeit gilt natürlich nur lokal, da im Großen die POINCARÉschen Summanden G und P unterschiedlichen Bedingungen genügen müssen.

Die GALILEI-NEWTONsche Trägheit nimmt nun vom Standpunkt der POINCARÉschen Summe eine merkwürdige Zwitterstellung ein, die von MACH, L. LANGE und H. HERTZ erkannt wurde. Trägheitsbewegung und Trägheitskräfte sind in der NEWTONschen Mechanik eine dynamische Wirkung des Raumes auf die Bewegungen der Massen, während aber umgekehrt die Massen die Geometrie des Raumes nicht beein-

1) Es ist vielleicht nicht ganz ohne Interesse zu bemerken, daß astronomische und kosmogonische Implikationen wie MILNES Theorie der Entstehung der Spiralarme auch in unserer Mechanik zu erwarten sind. — Im speziell-relativistischen MILNE-Kosmos gilt die Erhaltung der trägen Masse. Im MACH-EINSTEIN-Kosmos nimmt die träge Masse mit der Expansion des Kosmos ab: $M_{\text{Interrial}} \sim R^{-1}$. MILNES Kosmos ist ein reiner Trägheitskosmos, der MACH-EINSTEIN-Kosmos hingegen ein reiner Gravitationskosmos ohne Trägheit.

flussen. — Die Trägheitskräfte gehören also als Führungskräfte zu den Summanden G in der POINCARÉschen Summe.

Hingegen ist in der NEWTONschen Mechanik die Gravitation eine physikalische Kraft, die zu den dynamischen Summanden P gehört. Diese verschiedene Zuordnung von Trägheit und Schwere führt dazu, daß die Äquivalenz von Trägheit und Schwere in der NEWTONschen Gravitationsdynamik unverständlich ist. Die Äquivalenz verlangt vielmehr, daß Trägheits- und Gravitationskräfte insgesamt einem der POINCARÉschen Summanden zugeordnet werden. — Im übrigen gilt für diese NEWTONsche Aufspaltung die Kritik von MACH und EINSTEIN, daß es inkonsequent (und zum Geiste des NEWTONschen Gegenwirkungs-Axioms im Widerspruch stehend) ist, eine dynamische Wirkung des Raumes auf die Bewegung der Massen anzunehmen, ohne daß die Massen ihrerseits auf die Geometrie des Raumes einwirken sollen.

Wie in II, § 1 ausgeführt, ordnet nun EINSTEINs geometrische Gravitationstheorie Trägheit und Gravitation POINCARÉs Summanden G zu, indem sie Trägheits- und Gravitationsfeld zum metrischen Führungsfeld $g_{\mu\nu}$ einer RIEMANNschen Raum-Zeit zusammenfaßt. MACHs Prinzip der Induktion der Trägheit durch die Gravitationswirkung der kosmischen Massen führt hingegen in der Form der MACH-EINSTEIN-Doktrin die Trägheitswirkung voll auf die Gravitation zurück und eliminiert (wie in II, §§ 4 und 5 explicite gezeigt) die Führungsfelder aus der Dynamik. Die MACH-EINSTEIN-Doktrin ordnet daher Trägheit und Schwere POINCARÉs Summanden P zu.

Der aus der Äquivalenz von Trägheit und Schwere folgende lokale Effekt der Abhängigkeit der trägen Masse von den lokalen Gravitationspotentialen ist, wie in II, § 3 gezeigt, bei beiden Zuordnungen äquivalent. — Hingegen differieren die globalen Konsequenzen der allgemeinen Relativitätstheorie einerseits und der MACH-EINSTEIN-Doktrin andererseits bezüglich der Relativität der Beschleunigungen (II, § 4) und der Relativität der Rotation (II, § 5).[1]

[1]) Hingewiesen sei noch auf die Beziehungen zur Bezugstetraden-Theorie der Gravitation (TREDER 1967). — Die „Selbstabschirmung" der Schwerkraft durch Abhängigkeit der effektiven Gravitationskonstanten vom Gravitationspotential führt für freie Bewegungen im Gravitationsfeld zu qualitativ und quantitativ analogen Konsequenzen wie eine Induktion der Trägheit durch das lokale Gravitationspotential (s. auch Anhang II).

Literatur

M. Abraham, Theorie der Elektrizität, Band II, 4. Aufl., Leipzig 1920
L. Boltzmann, Prinzipe der Mechanik, Band II, Leipzig 1904
H. Bondi, Cosmology, Cambridge 1952
H. Y. Chiu und W. F. Hoffmann (ed.), Gravitation and Relativity, New York, Amsterdam 1964 (Vergleiche die Beiträge von R. Dicke, V. Hughes und J. Wheeler)
R. Clausius, Mechanische Wärmetheorie, Band II, 2. Aufl. 1879
A. Einstein, Sammlung wissenschaftlicher Abhandlungen, Band I–IV, Moskau 1965–1967
A. Einstein, Über spezielle und allgemeine Rel.-Theorie, 21. Auflage, Berlin, Oxford, Braunschweig 1969
A. Einstein, Grundzüge der Relativitätstheorie, 5. Auflage, Berlin, Oxford, Braunschweig 1969
A. Einstein, Helle Zeit, Dunkle Zeit (ed. C. Seelig), Zürich 1956.
A. Föppl, Vorlesungen über technische Mechanik, 2. Auflage, Band I u. IV, Leipzig 1900 und 1901
B. u. J. Friedländer, Absolute oder relative Bewegung, Berlin 1896
O. Heckmann, Theorien der Kosmologie, 2. Aufl., Berlin, Heidelberg, New York 1968
H. v. Helmholtz, Gesammelte Abhandlungen, Band I, Leipzig 1882
H. Hertz, Die Prinzipien der Mechanik, Leipzig 1894
F. Kottler, Gravitation und Relativitätstheorie, Encykl. d. math. Wiss., Band VI, 2., Leipzig 1920
L. Lange, Die geschichtliche Entwicklung des Bewegungsbegriffes, Leipzig 1886
P. S. de Laplace, Mécanique céleste, Liv. X. – Oeuvres, Band IV, Paris 1880
M. v. Laue, Die Relativitätstheorie, Band II, 3. Aufl., Braunschweig 1953
P. Lenard, Über Relativitäptsprinzip, Äther, Gravitation, 3. Aufl. Leipzig 1921
H. A. Lorentz, A. Einstein, H. Minkowski und H. Weyl, Das Relativitätsprinzip, Leipzig 1922
E. Mach, Die Geschichte und die Wurzel des Satzes von der Erhaltung der Arbeit, 2. Aufl., Leipzig 1909
E. Mach, Die Mechanik in ihrer Entwicklung, 9. Aufl., Leipzig 1933
E. Mach, Die Prinzipien der physikalischen Optik. Leipzig 1921
E. A. Milne, Kinematic Relativity, Oxford 1948
C. Neumann,' Die Prinzipien der Elektrodynamik, Tübingen 1868
C. Neumann, Über die Prinzipien der Galilei-Newtonschen Theorie, Leipzig 1870
C. Neumann, Allgemeine Untersuchungen über die Newtonsche Theorie der Fernwirkung, Leipzig 1896
I. Newton, Philosophia Naturalis Prinzipia Mathematica 1687. – Opera Tom. II et. III, London 1779 und 1782
S. Oppenheim, Kritik des Newtonschen Gravitationsgesetzes, Encykl. d. math. Wiss., Band VI, 2, Leipzig 1920
W. Pauli, Relativitätstheorie, Encykl. der math. Wiss., Band V, 2, Leipzig 1921
H. Poincaré, Elektrizität und Optik, Band II, Berlin 1892
H. Poincaré, Wissenschaft und Hypothese, 3. Aufl., Leipzig 1912
H. Poincaré, Wissenschaft und Methode, Leipzig 1914

R. REIFF und A. SOMMERFELD, Standpunkt der Fernwirkung, Encykl. d. math. Wiss., Band V, 2., Leipzig 1905
B. RIEMANN, (ed. K. HATTENDORFF), Schwere, Elektricität und Magnetismus, 2. Aufl., Hannover 1880
W. RITZ, Gesammelte Werke, Paris 1911
H. THIRRING, Die Idee der Relativitätstheorie, Berlin 1921
F. TISSERAND, Mécanique céleste, Band IV, Paris 1896
H.-J. TREDER, (ed.) Entstehung, Entwicklung und Perspektiven der Einsteinschen Gravitationstheorie, Berlin 1966 (s. die Beiträge von H. HÖNL und D. IWANENKO)
H.-J. TREDER, Die ersten Kritiker des allgemeinen Relativitätsprinzips, Moskau 1971
W. WEBER, Gesammelte Werke, Band III u. Band IV, Leipzig 1890 und 1892
H. WEYL, Raum, Zeit, Materie, 5. Aufl., Berlin 1923
H. WEYL, Gesammelte Abhandlungen. Bd. II. Berlin, Heidelberg, New York 1968
E. WHITTAKER, History of the Theories of Aether and Electricity, Band I und Band II, 2. Aufl., London, Edingburgh 1951 und 1953
F. WHITTAKER, From Euclid to Eddington, New York, 1958
F. ZÖLLNER, Die Natur der Kometen, Leipzig 1872
E. ZÖLLNER, Prinzipien der elektrodynamischen Theorie der Materie, Leipzig 1876

ANHANG I

Die Induktion von träger Masse in einer relativistischen Mechanik

Ohne Diskussion der Schwierigkeiten, die beim n-Körper-Problem mit Retardierung durch die n verschiedenen Partikelzeiten verbunden sind, und auch bei Vernachlässigung derjenigen Schwierigkeiten, die sich dadurch ergeben, daß bei dem Auftreten von Strahlungseffekten das NEWTONsche Gegenwirkungs-Axiom formal gebrochen wird, sieht man bereits im Einkörperproblem, daß eine Trägheitsinduktion im Sinne der MACH-EINSTEIN-Doktrin mit einer LORENTZ-kovarianten Mechanik unvereinbar ist.

Der Trägheitsterm in der speziell-relativistischen LAGRANGE-Funktion für die Bewegung eines Partikels lautet

$$T = -m c^2 \sqrt{1 - \frac{v^2}{c^2}} \,. \tag{1}$$

Eine zusätzliche Trägheitsinduktion durch ein äußeres Potential verlangt demnach einen zusätzlichen Term

$$+ U = \varphi \sqrt{1 - \frac{v^2}{c^2}} \tag{2}$$

in der LAGRANGE-Funktion, bei dem $-\varphi$ eine potentielle Wechselwirkungs-Energie ist. Damit dann die LAGRANGE-Funktion

$$L = T + U = -m c^2 \sqrt{1 - \frac{v^2}{c^2}} + \varphi \sqrt{1 - \frac{v^2}{c^2}} \tag{3}$$

tatsächlich LORENTZ-kovariant ist, muß dann φ ein Skalar sein. Dadurch wird (3) zur LAGRANGE-Funktion für die Bewegung unter dem Einfluß eines skalaren Zentralfeldes (im Ruhsystem des Zentralkörpers) (POINCARÉ 1906):

$$\varphi \sim \frac{M_0}{\sqrt{1-\frac{v^2}{c^2}}} \cdot \frac{1}{r} = \frac{M}{r} \tag{4}$$

und liefert die Dynamik eines Partikels in einem klassischen mesonenartigen Feld.

Der dreidimensionale kanonische Impuls beträgt

$$\frac{\partial L}{\partial v^i} = \frac{m\, v^i}{\sqrt{1-\frac{v^2}{c^2}}} - \frac{\varphi \frac{v^i}{c^2}}{\sqrt{1-\frac{v^2}{c^2}}} = \frac{(m-\varphi/c^2)\, v^i}{\sqrt{1-\frac{v^2}{c^2}}} =$$

$$= \frac{m^*}{\sqrt{1-\frac{v^2}{c^2}}}\, v^i . \tag{5}$$

Für den Fall eines statischen Feldes $\partial\varphi/\partial t = 0$ ist die HAMILTON-Funktion gleich dem Energie-Integral

$$H = T + U = \frac{m\, c^2 - \varphi}{\sqrt{1-\frac{v^2}{c^2}}} = \frac{m^*\, c^2}{\sqrt{1-\frac{v^2}{c^2}}} = \text{const} . \tag{6}$$

Die Bewegungsgleichungen lauten in dreidimensionaler Form

$$\frac{d}{dt}\left[\left(\frac{m-\varphi/c^2}{\sqrt{1-\frac{v^2}{c^2}}}\right) v^i\right] = \partial_i\varphi \sqrt{1-\frac{v^2}{c^2}} , \tag{7}$$

wofür wir mit (6) auch schreiben können

$$\frac{1}{\sqrt{1-\frac{v^2}{c^2}}} \frac{d}{dt}\left(\frac{m^*\, v^i}{\sqrt{1-\frac{v^2}{c^2}}}\right) = \frac{m^*}{\left(1-\frac{v^2}{c^2}\right)} \frac{dv^i}{dt} = \partial_i\varphi . \tag{8}$$

(6) und (8) zusammen ergeben die MINKOWSKIschen Bewegungsgleichungen

$$\frac{d}{d\tau}(m^*\, u^\nu) = \partial_\alpha\varphi\, \eta^{\alpha\nu} . \tag{9}$$

Wir erhalten also das wohlbekannte Resultat, daß bei einer skalaren Wechselwirkung gemäß der speziellen Relativitätstheorie die effektive träge Masse m^* vom äußeren Potential abhängt, jedoch derart, daß eine Attraktionswirkung mit der Abnahme der Trägheit, also mit einer negativen Masseninduktion

$$m^* = m - \varphi/c^2 \rightarrow \delta m^* = -\varphi/c^2 < 0, \tag{10}$$

gekoppelt ist. Es ist ebenfalls wohlbekannt, daß Gleichungen von der Form (8) dementsprechend auch zu einem falschen Vorzeichen der Perihel-Bewegung führen: Perihel-Bewegung $= -1/2\,\Omega$ (vgl. I, § 1).

Die LAGRANGE-Funktion (3) ist die einzige LORENTZ-invariante LAGRANGE-Funktion für das Einkörperproblem, die die Form

$$L = \sqrt{1 - \frac{v^2}{c^2}}\, L' \quad \text{mit} \quad \frac{\partial L'}{\partial v^i} = 0 \tag{11}$$

besitzt. Dieser Ausdruck beschreibt nun eine skalare (mesonenartige) Wechselwirkung und gibt nicht die verlangte positive Masseninduktion $\delta m^* > 0$. — Entscheidend ist, daß in (3) keine freie Induktionskonstante β/c^2 zur Verfügung steht (c ist in der speziellen Relativitätstheorie notwendig die Vakuum-Lichtgeschwindigkeit), durch die die Konsistenz der MACH-EINSTEIN-Doktrin mit der dynamischen Massendefinition und der empirischen Bestimmung der Gravitationskonstanten erreicht wird.

ANHANG II

Einige Konsequenzen der MACH-EINSTEIN-Doktrin für die Himmelsmechanik, Geophysik und Kosmogonie

I. Die Perihelbewegung der Planeten

Wir haben oben (s. Abschn. II) eine analytische Mechanik entwickelt, in der an die Stelle der GALILEI-NEWTONschen Trägheit eine Induktionswirkung des Gravitationspotentials aller ksomischen Massen tritt, wie dies das MACHsche Prinzip in EINSTEINS Verschärfung zur MACH-EINSTEIN-Doktrin fordert. Unsere analytische Darstellung dieser MACH-EINSTEIN-Doktrin beruht auf einer von B. RIEMANN begründeten Verallgemeinerung der LAGRANGEschen Mechanik für geschwindigkeitsabhängige Potentiale, wobei wir entsprechend der MACH-EINSTEIN-Doktrin (und auf Grund des verallgemeinerten Relativitäts-Postulats (s. Abschn. II, § 4)) die NEWTONsche kinetische Energie in der RIEMANNschen LAGRANGE-Funktion eliminierten.

Es wurde gezeigt (s. Abschn. II, § 2), daß in der aus der *trägheitsfreien* RIEMANNschen LAGRANGE-Funktion

$$L^* = \sum_{A>B}^{N} \frac{m_A\, m_B}{r_{AB}}\, f \left(1 + \frac{3}{2} \frac{v^2{}_{AB}}{c^2}\right) \tag{1}$$

für die $N \gg 1$ punktförmig gedachten Teilchen P_A des Universums der Ausdruck

$$m_a^* = \frac{3\, f}{c^2}\, m_a \sum_{B \neq a}^{N} \frac{m_B}{r_{aB}} = m_a\, \frac{f}{c^2} \left(\frac{9}{2}\, \frac{M}{R} + 3 \sum_{\alpha \neq a}^{n} \frac{m_\alpha}{r_{\alpha a}}\right)$$

$$= \overline{m}_a^* + \Delta m_a^*\,, \tag{2}$$

in dem die m_a und m_B bzw. m_α die gravischen Massen (gravischen Ladungen) der Teilchen sind, die Rolle der Inertialmasse des Teilchens P_a^* übernimmt. Der entscheidende Anteil $\overline{m}_a^*$ dieser Inertialmasse wird induziert durch das mittlere kollektive Gravitationspotential des Kosmos

$$\Phi = \frac{3}{2}\frac{M}{R} f \qquad \left.\begin{aligned} M &= \text{Masse} \\ R &= \text{Radius} \end{aligned}\right\} \begin{aligned} &\text{der kosmischen} \\ &\text{Teilchenwolke,} \end{aligned} \tag{3}$$

das im Zentrum der kosmischen Teilchen-Wolke als ortsunabhängig angenommen werden kann. Hierzu treten die kleinen von MACH [15], B. und J. FRIEDLÄNDER [7] und EINSTEIN [5] [6, Nr. 23] postulierten Korrekturen Δm_a^* der Inertialmasse, die durch die Gravitationspotentiale der n Körper P aus der Umgebung von P_a induziert werden. Diese Korrekturen sind ortsabhängig:

$$\Delta m_a^* = 3\, m_a \frac{f}{c^2} \sum_{\alpha}^{n} \frac{m_\alpha}{r_{a\alpha}}\,. \tag{4}$$

Auf Grund der dynamischen Massendefinition von MACH [15] und der Bestimmung des effektiven Wertes der Gravitationskonstante f aus dem NEWTONschen Gravitationsgesetz ergibt sich, daß Gravitationskonstante f und Gravitationsladung m_a so normiert sind, daß instantan

$$m_a^* = m_a\left(1 + 3\frac{f}{c^2} \sum_{\alpha}^{n} \frac{m_\alpha}{r_{a\alpha}}\right), \tag{5}$$

$$\overline{m}_a^* = m_a \frac{9}{2\,c^2} f \frac{M}{R} = m_a \tag{5a}$$

gilt (s. Abschn. II, § 3). Der Ausdruck (5) entspricht der von EINSTEIN [5] aus Äquivalenz- und allgemeinem Relativitäts-Prinzip hergeleiteten Abhängigkeit der Inertialmasse von den lokalen Gravitationspotentialen.

Als erste himmelsmechanische Konsequenz der RIEMANN-MACHschen Mechanik ergeben sich mit (5) für die Bewegung eines Probeteilchens p_1 (Masse m_1) um eine Zentralmasse $m_2 = m$ aus Abschn. II, § 2 die Bewegungsgleichungen

$$\frac{d}{dt}\left[\left(1 + \frac{3\,f\,m}{c^2\,r}\right) v^i\right] = \frac{\partial}{\partial x^i}\left(\frac{f\,m}{r}\left[1 + \frac{3\,v^2}{2\,c^2}\right]\right), \tag{6}$$

aus denen für $v^2 \ll c^2$, $(f\,m)/r \ll c^2$

$$\frac{1}{r} = \frac{f\,m}{h^2}\left(1 + \varepsilon \cos \varphi\left[1 - \frac{3\,f^2\,m^2}{h^2\,c^2}\right]\right), \tag{7a}$$

d. h. die KEPLER-Bewegung mit EINSTEINscher Perihel-Drehung [4]

$$\delta\varphi = 6\,\pi \frac{f}{c^2} \frac{m}{a\,(1 - e^2)} \qquad a = \text{große Halbachse} \tag{7b}$$

folgt.[1])

II. Säkulare Änderung der Erdabplattung

Sälulare Störungen ergeben sich aus der allgemeinen Formel (2), wenn man berücksichtigt, daß nach der RIEMANN-MACHschen Mechanik gemäß Abschn. II, § 6 die Teilchen-Wolke ein Evolutions-Kosmos ist, bei dem der Radius R der Teilchen-Wolke entweder parabolisch mit dem Gesetz

$$R = \sqrt{\frac{2}{3}}\; c\,t + \text{const} \tag{8a}$$

oder hyperbolisch mit dem Gesetz

$$\frac{4\,f^2\,M^2}{k^2}\left(\frac{k\,R}{fM} + 1\right) = \left(\sqrt{\frac{2}{3}}\; c\;t + \text{const}\right)^2 \tag{8b}$$

expandiert. Aus (2) folgt dann (unter Vernachlässigung der lokalen Masseninduktion (4)), daß, wenn

$$m_0^* = m \frac{9}{2} \frac{f}{c^2} \frac{M}{R_0}, \qquad R_0 = R\,(t = t_0) \tag{9}$$

den instantanen heutigen Wert m_c^* der Inertialmasse bedeutet, als Gesetz für die Änderung der Inertialmasse

$$m^*(t) = \frac{R_0}{R(t)}\, m_0^* = \frac{9}{2} \frac{f}{c^2} \frac{M}{R(t)}\, m\,, \tag{10}$$

was je nach den Weltmodellen gilt:

$$m^* = m \sqrt{\frac{3}{2} \frac{f\,M}{c^3\,t}} = m_0^* \frac{t_0}{t} \tag{10a}$$

oder

$$m^* \sim m_0^* \left(\frac{t_0}{t}\right)^2 \tag{10b}$$

bedeutet.

---

[1]) Für (7b) ist $\beta = \frac{3}{2}$ wesentlich. Die im folgenden betrachteten kosmologischen Effekte sind hingegen unabhängig von der Bestimmung von β, da sie nur Proportionen zwischen den trägen Massen enthalten.

Werden zu einer beliebigen Zeit $t = A$, d. h. für beliebige Werte $R_A = R\,(t = A)$, die instantanen Werte $m_a^*(A)$ der Inertialmassen gemäß MACH [15] definiert, so ist für jedes Teilchen P_a die träge Masse gleich der schweren Masse

$$m_a^*(A) = m_a \tag{11}$$

(s. Abschn. II, §§ 2, 5, 6). Dies bedeutet, daß wir anstelle einer Änderung (10) der trägen Masse eine reziproke Änderung

$$f^*(t) = f_0 \frac{R(t)}{R_0} = \frac{2}{9} \frac{c^2}{M} R(t)$$

$$\text{mit } f_0 = f = \text{heutiger Wert } (t = t_0) \text{ der Gravitationskonstanten!} \qquad R_0 = R(t_0) \tag{11a}$$

der durch das entsprechende Newtonsche Gravitationsgesetz bestimmten effektiven Gravitationskonstante messen. — Da sich primär aber die Trägheit m_a^* der Körper P_a ändert, ändern sich nach demselben Gesetz (11a), auch alle anderen physikalischen Kopplungs-Konstanten k'. Beträgt ihr dynamisch gemessener instantaner heutiger Wert $k_0' = k'(t_0)$, so lautet ihr effektiver Wert für eine beliebige Zeit (s. Abschn. II, § 6)

$$k'(t) = k_0' \frac{R(t)}{R_0} \,. \tag{12}$$

Das Verhältnis der Gravitationskonstante zu den übrigen physikalischen Kopplungs-Konstanten bleibt also unverändert:

$$\frac{f^*(t)}{k'(t)} = \text{const} \,. \tag{13}$$

Die Evolution des Kosmos (8) hat also zur Folge, daß die Trägheit aller Körper abnimmt, und dies wird dynamisch gemessen als das reziproke Anwachsen aller auf die Körper einwirkenden Kräfte, wobei das Verhältnis der physikalischen Kräfte untereinander unverändert bleibt[1]) — Die aus dem MACHschen Prinzip folgende Abhängigkeit (11a) der Gravitationskonstante vom Weltalter unterscheidet sich also in zweierlei Hinsicht von der von JORDAN [13] auch in der Geophysik eingeführten DIRACschen Hypothese:

---

[1]) Zur Impuls-Bilanz im Kosmos s. II § 4. — Der kanonische Impuls jedes Körpers ist mit dem Impuls des übrigen Universums so gekoppelt, daß der Gesamtimpuls des Kosmos verschwindet.

1. folgt aus der MACH-EINSTEIN-Doktrin das Anwachsen der Gravitationskonstante mit dem Weltalter (s. Abschn. II, §§ 5, 6)

$$f^* \sim t \quad \text{oder} \quad f^* \sim t^2,$$

während die DIRAC-Hypothese die reziproke Aussage

$$f^* \sim t^{-1}$$

macht (s. JORDAN [13], [14], TREDER [20]).

2. folgt aus dem MACHschen Prinzip, daß das Verhältnis der physikalischen Kräfte zueinander unverändert bleibt (13) $k'/f^* \sim$ const, während die DIRACsche Hypothese $k'/f^* \sim t^{-1}$ eine Änderung dieses Verhältnisses annimmt.

Durch die 2. Aussage unterscheidet sich die aus der MACH-EINSTEIN-Doktrin folgende Änderung der Gravitationskonstante von dem in der kinematischen Relativitätstheorie bei MILNE (s. HECKMANN [9]) und der Bezugs-Tetraden-Theorie von TREDER (s. [21], [20]) angegebenen kosmologischen Anwachsen der Gravitationskonstante. Insbesondere gilt auch bei MILNE ein Gesetz

$$f^*_{\text{Milne}} = \frac{c^3}{M}\, t\,,$$

aber es wachsen nicht gleichzeitig alle Kopplungskonstanten nach demselben Gesetz (s. Abschn. II, § 7).

Aus diesen Bemerkungen folgt zunächst, daß aus dem MACHschen Prinzip und aus der MACH-EINSTEIN-Doktrin naturgemäß kosmologische Effekte nur bei solchen Vorgängen folgen, bei denen die Trägheit eine Rolle spielt. Der mittlere Radius der Erde ist beispielsweise von der Trägheit unabhängig. Die Kompression der Erdmaterie hängt nur von dem Verhältnis der Gravitationskonstante zu den Materialkonstanten ab, und letztere werden primär durch die Kopplungskonstanten k' bestimmt. Da wir eine reine Punkt-Mechanik betreiben, werden wir die Inkompressibilität der Materie einfach als Folge von Repulsivkräften darzustellen haben. Das Verhältnis dieser Repulsivkräfte zu der Gravitationskraft ist dann zeitlich unveränderlich. Daher ist die innere Struktur der Erdmaterie weitgehend unabhängig vom Zustand des Kosmos.

Trägheitseffekte bestimmen hingegen mit die Erdfigur; sie sind die Ursache für die Abplattung der Erde. Indem gemäß (10) die trägen Massen und damit die Trägheitskräfte der den Erdkörper bildenden Partikel als Folge der Expansion des Kosmos abnehmen, muß die Abplattung α der Erde (und die aller anderen Himmelskörper) bei unverändertem Erdradius ϱ und unveränderter Winkelgeschwindigkeit Ω im Laufe der Zeit abnehmen (s. Abschn. II, § 5).

Die Abplattung α der Erde ist bestimmt durch das Verhältnis der Zentrifugalkraft

$$\sim m^* \varrho^2 \Omega^2 \tag{14a}$$

zur Gravitationskraft

$$\sim \frac{m f_0}{\varrho^2} = \frac{m_0 f_0}{\varrho^2} \tag{14b}$$

und ist somit gegeben durch

$$\alpha = \text{const} \frac{\Omega^2 \varrho^2}{f_0} \frac{m^*}{m_0} = \text{const} \frac{\Omega^2 \varrho^3}{f^*} \tag{15}$$

In (15) ist $f^* = (m_0/m^*) f_0$ der effektive instantane Wert der Gravitationskonstante. Nimmt die Gravitationskonstante zu, so nimmt α ab, vorausgesetzt, daß

$$\varrho = \text{const} \qquad \text{und } \Omega = \text{const} \tag{15a}$$

gilt.

Die quantitative Abschätzung des Effektes ist besonders einfach, wenn der parabolisch expandierende Kosmos zugrunde gelegt wird, denn hier ist das Weltalter t einfach gleich der reziproken „HUBBLE-Konstante" H (s. HECKMANN [9], EINSTEIN [5]):

$$t = \frac{R}{\dot{R}} = H^{-1}. \tag{16}$$ [1]

Das derzeitige Weltalter die reziproke „HUBBLE-Konstante" beträgt nun größenordnungsmäßig

$$2 \cdot 10^{10}\, a \geqq t_0 = H_0^{-1} > 10^{10}\, a\,, \tag{17a}$$

wo $H_0 = 1/t_0$ der instantane Wert der HUBBLE-Konstante ist. Mit (11) gilt somit angenähert für Zeitdifferenzen

$$f^*(t_0 + \Delta t) = \dot{f}_0 [1 + H_0 \Delta t]\,, \tag{17}$$

[1]) Das hyperbolische Modell besagt, daß das Weltalter etwas größer ist als die reziproke „HUBBLE-Konstante" und daß die Expansion des Universums früher geringer war als heute. Daher sind alle zu behandelnden Effekte, wenn sie weiter in der Vergangenheit zurückliegen, etwas kleiner als beim parabolischen Modell. — Die Bestimmung des Wertes von H_0 erfolgt gemäß den Voraussetzung der relativistischen Optik aus dem DOPPLER-Effekt (s. II § 6). Im Rahmen unserer Mechanik ergeben sich keine bestimmten Aussagen über optische Effekte.

und aus (15) folgt mit (17)

$$\alpha\,(t_0 + \Delta t) = \text{const}\,\frac{\varrho^3\,\Omega^0}{f_0}\,[1 - H_0\,\Delta t] = \alpha_0\,[1 - H_0\,\Delta t]. \tag{18}$$

Hieraus entnehmen wir insbesondere, daß vor über $10^8\,a$ die Abplattung der Erde um etwa 1% größer war als heute:

$$\alpha\,(t_0 + H_0\,10^8\,a) \approx \alpha_0\,[1 + 10^{-2}]\,. \tag{18a}$$

— Dies ist nach MUNK und MACDONALD [16] empirisch in der Tat der Fall.

Als konkurrierende Erklärung für die empirisch konstatierte Abnahme der Erdabplattung α während der Geschichte der Erde besteht die alte DARWINsche Theorie (s. [2], [3]) der Gezeitenbremsung[1]), nach der anstelle von (15a)

$$\Omega = \Omega(t)\,, \qquad \dot{\Omega}(t) < 0 \tag{19a}$$

und damit

$$\alpha\,(t + \Delta t) = \text{const}\,\frac{\varrho^3\,\Omega^2}{f_0}\left[1 + 2\left(\frac{\dot{\Omega}}{\Omega}\right)_0 \Delta t\right] \tag{19b}$$

gilt. — Nach der DARWINschen Theorie hat also die Winkelgeschwindigkeit Ω der Erde als Folge der Gezeitenreibung laufend abgenommen und daher hat die Tageslänge τ (gemessen in Inertial- oder Ephemeridenzeit) permanent zugenommen:

$$\tau\,(t_0 + \Delta\tau) = \tau_0\left[1 + \frac{\dot{\tau}}{\tau_0}\,\Delta t\right] = \tau_0\left[1 - \left(\frac{\dot{\Omega}}{\Omega}\right)_0 \Delta t\right]. \tag{19c}$$

Gegen eine nachweisbare Wirkung der Gezeitenreibung hat bereits KELVIN Einwände erhoben. JEFFREYS [12] hat gezeigt, daß die Gezeitenreibung im wesentlichen nur von der Kontur der Schelfmeere abhängt und daher unmeßbar klein sein kann. HOLMBERG (s. HOYLE [10]) hat bemerkt, daß die KELVIN-Resonanzen der Erdatmosphäre eine eventuelle bremsende Wirkung der Gezeitenreibung gerade kompensieren würde, indem die KELVIN-Resonanzen der Erdrotation die Dauer des Tages stabilisieren würden. — Nach MUNK und MACDONALD [16] ist die Gezeitenreibung sicherlich zu klein, um mehr als $^1/_3$ der paläogeophysikalischen Ergebnisse zu erklären. Vielleicht sei sie sogar in ihrer Wirkung völlig zu vernachlässigen.

---

1) Im Prinzip bereits angegeben von KANT (1754) und J. R. MAYER (1848).

Das MACHsche Prinzip liefert nun unabhängig von einer eventuellen zusätzlichen Wirkung der Gezeitenreibung bereits von selbst einen Effekt von der geophysikalisch geforderten Größenordnung, zu dem sich eventuell ein Korrekturbetrag, der aus der Gezeitenreibung resultiert, addieren könnte.

III. Die Säkularbeschleunigung des Mondes

Astronomisch wurde die Realität der Gezeitenbremsung der Erdrotation insbesondere aus der Akzeleration der Mondbewegung erschlossen, die gemäß J. C. ADAMS in allen Mondtheorien der Himmelsmechanik übrig bleibt. Eine ähnliche restliche Akzeleration gibt es nach W. DE SITTER und H. SPENCER-JONES [19] auch bei der Bewegung von Planeten. Die relative Akzeleration $\dot{\omega}/\omega$, wo ω die jeweilige orbitale Winkelgeschwindigkeit ist, ist beim Mond und bei den Planeten dieselbe. — Diese Akzeleration wird bei DELAUNAY und NEWCOMB als scheinbar und als Folge der Änderung der Tageslänge und damit des astronomischen Zeitmaßes erklärt, deren Ursache die von G. H. DARWIN [3] untersuchte Gezeitenbremsung sein soll (s. H. POINCARÉ [17]).

Eine grundsätzliche Schwierigkeit hierbei ist, daß diese Gezeitenbremsung so stark von der Oberflächengestaltung der Erde (insbesondere von der Form der Schelfmeere) abhängt, daß sie quantitativ kaum berechenbar ist und daher umgekehrt die Akzeleration oft als Beweis für die Effekte der Gezeitenbremsung dienen muß.[1])

Aus der MACH-EINSTEIN-Doktrin entsprechend Abschn. II folgt hingegen eine reale Akzeleration als eine wirkliche Beschleunigung des Mondes und der Planeten als Folge der Abnahme ihrer Trägheit bzw. — bei als konstant definierter träger Masse — als Folge der Zunahme der effektiven Gravitationskonstanten f. Mit (17) und mit als konstant angesetzter träger Masse des Mondes lautet das 2. KEPLERsche Gesetz

$$r^2 \omega = h = \text{const} \tag{20}$$

und das 3. KEPLERsche Gesetz

$$r^3 \omega^2 = f^* \mathfrak{M} \quad (\mathfrak{M} = \text{schwere Masse des Zentralkörpers d. i. der Erde}) . \tag{21}$$

[1]) S. hierzu P. BROSCHE und J. SÜNDERMANN (Mitt. d. Astron. Recheninst. Heidelberg, **A 42, 1971**). Je nach dem Verlauf der Tiden kann die Gezeitenreibung auch eine Beschleunigung der Rotation bewirken! Harmonische Tiden würden keinen dynamischen Effekt ergeben.

Hierbei ist r der Radius der Mondbahn um die Erde und ω die orbitale Winkelgeschwindigkeit des Mondes. (20) ist der Drehimpuls und (21) entspricht dem Virialsatz

$$m^* v^2 = f \frac{m \mathfrak{M}}{r}, \tag{21a}$$

d. h.

$$v^2 = \frac{f^* \mathfrak{M}}{r} \tag{21b}$$

Durch Einsetzen von (20) in (21) entsteht

$$\omega = f^{*2} \frac{\mathfrak{M}^2}{h^3} = \frac{f_0^2 \mathfrak{M}^2}{h^3} \frac{R^2(t)}{R_0^2}. \tag{22}$$

(22) besagt, daß die Orbitalfrequenz ω mit dem Quadrat der effektiven Gravitationskonstante f^* anwächst:

$$\frac{\Delta\omega}{\omega} = \frac{2\,\Delta f^*}{f^*} = \frac{2\,\Delta R}{R} \tag{22a}$$

Machen wir wieder den Näherungsansatz (17), so erhalten wir

$$\omega = f_0^2 \frac{\mathfrak{M}^2}{h^3} \left[1 + 2 \left(\frac{\dot{R}}{R}\right)_0 \Delta t\right]. \tag{23}$$

Wird dann (17a) eingesetzt, so finden wir als Formel für die Akzeleration

$$\begin{aligned} \omega &= f_0^2 \frac{\mathfrak{M}^2}{h} [1 + 2\, H_0\, \Delta t] \\ &= \omega_0 [1 + 2\, H_0\, \Delta t], \end{aligned} \tag{24}$$

d. h.

$$\omega = \omega_0 \left[1 + 2 \frac{\Delta t}{t_0}\right]. \tag{24a}$$

Der Wert (24a) entspricht dem aus der Mondtheorie gemäß SPENCER-JONES [19], nach der die Akzeleration $(\dot{\omega}/\omega)_0$ einen Wert zwischen

$$1 \cdot 10^{-10}\, a^{-1} \geqq \left(\frac{\dot{\omega}}{\omega}\right)_0 < 2 \cdot 10^{-10}\, a^{-1}$$

besitzt.[1])

1) Nach W. FRICKE könnte der Wert der Akzeleration auch noch etwas höher liegen (s. JORDAN [14]).

Wir wollen dieses Ergebnis zunächst etwas ausführlicher herleiten und dann zeigen, wie die wirkliche Akzeleration mit der Hypothese einer scheinbaren, durch die Bremsung der Erdrotation vorgetäuschten Akzeleration zusammenhängt.

Bei Fortlassen aller lokalen Trägheitseffekte lauten die Bewegungsgleichungen des N-Körper-Problems in der RIEMANN-MACHschen Mechanik (s. Abschn. II, § 4)

$$\frac{d}{dt}(m_a^* \dot{x}_a^i) = \frac{d}{dt}\left[m_a \frac{R_0}{R(t)} \dot{x}_a^i\right] = f_0\, m_a \sum_{b \neq a}^{n} \frac{m_b\, x_{ab}^i}{r_{ab}^3}. \tag{25}$$

Hierbei sind die m_a, m_b wieder die schweren Massen. (In die strengen Bewegungsgleichungen geht noch die Abhängigkeit der trägen Masse m_a^* vom Gravitationspotential der Massen m_b ein.) Die linke Seite von (25) bedeutet explicite

$$-\, m_a \frac{R_0}{R^2} \dot{R}\, \dot{x}_a^i + m_a \frac{R_0}{R} \ddot{x}_a^i\ . \tag{25a}$$

In (25a) ist der Term

$$-\, m_a \frac{R_0}{R^2} \dot{R}\, v_a^i \approx -\, m_a \frac{R_0}{R} H_0\, v_a^i = -\, m_a^* H_0\, v_a^i \tag{25b}$$

aber für die kreisförmige Bewegung des Mondes (oder der Planeten) vernachlässigbar klein. Denn machen wir den Näherungsansatz

$$v_a = r\, \omega\ , \tag{26a}$$

so lautet (25)

$$-\, m^* r\, \omega\, H_0 + m^* r\, \omega^2 = m\, f_0\, \mathfrak{M}\, r^{-2}\ , \tag{26}$$

für ω folgt statt (22):

$$\omega - 2\, H_0 \approx \frac{f^{*2}\, \mathfrak{M}^2}{h^3}\ . \tag{26b}$$

Wir können den 1. Term in (25a) in linearer Näherung also fortlassen. Auf Grund der MACHschen Definition der trägen Masse können wir demnach (25) auch schreiben:

$$\dot{v}_a^i = f^* \sum_{b \neq a}^{n} \frac{m_b}{r_{ab}^3}\, x_{ab}^i\ , \tag{27}$$

wobei jetzt f^* die effektive Gravitationskonstante (11a) ist. Ist $f^*(0) = f_0$ der Wert dieser Konstante zu einer Zeit $t' = 0 = t - t_0$, so finden wir für den Zeitraum der ,,Astronomiegeschichte'' t'

$$f^* = f_0 (1 + H_0 t'),$$

und die Bewegungsgleichungen (27) lauten

$$\ddot{x}_a^i = f_0 (1 + H_0 t') \sum_{b \neq a} \frac{m_b}{r_{ab}^3} x_{ab}^i . \tag{28}$$

In Modifikation eines Gedankens von JORDAN [14] führen wir nun eine konforme Transformation der Raum-Zeit-Koordinaten durch, die die NEWTONschen Gleichungen mit veränderlicher Gravitationskonstante in die normalen NEWTONschen Gleichungen überführt. Wir setzen

$$\bar{x}^i = (1 + H_0 t') x^i \tag{29a}$$

und

$$\bar{t} = (1 + H_0 t') t' \tag{29b}$$

und finden in linearer Näherung

$$d\bar{t} = dt' (1 + 2 H_0 t'), \tag{30a}$$

$$\frac{d\bar{x}^i}{d\bar{t}} = \frac{dt}{d\bar{t}} \frac{d\bar{x}^i}{dt} = (1 - H_0 t') \frac{dx^i}{dt} + H_0 x^i , \tag{30b}$$

und schließlich

$$\frac{d^2\bar{x}^i}{d\bar{t}^2} = \frac{dt}{d\bar{t}} \frac{d}{dt} \left(\frac{d\bar{x}^i}{d\bar{t}} \right) = (1 - 3 H_0 t') \frac{d^2 x^i}{dt^2} . \tag{30c}$$

Die konform transformierten Bewegungsgleichungen (27) lauten somit

$$\frac{d^2\bar{x}^i}{d\bar{t}^2} = (1 - 3 H_0 t') \frac{d^2 x^i}{dt^2} = f_0 \sum_{b \neq a} \frac{m_b}{r_{ab}^3} x_{ab}^i [1 - 2 H_0 t'] =$$

$$= f_0 \sum_{b \neq a} \frac{m_b}{\bar{r}_{ab}^3} \bar{x}_{ab}^i . \tag{31}$$

(31) sind die NEWTONschen Bewegungsgleichungen, die keine säkulare Akzeleration liefern. Entsprechend (29b) ändert sich aber die Einheit $\Delta \bar{t}$ der transformierten Zeit in bezug auf die Einheit Δt der Inertialzeit:

$$\Delta \bar{t} = \Delta t (1 + 2 H_0 t') = \Delta t' (1 + 2 \cdot 10^{-10} a^{-1} t') \tag{32}$$

(das ist der in der Literatur bei GUTENBERG [8], SPENCER-JONES [19] angegebene Wert für die Tagesverlängerung).

Wir haben somit zwei alternative Erklärungen:

1. Wir gehen davon aus, daß das astronomische Zeitmaß — soweit es für die säkulare Beschleunigung benötigt wird — gleich dem inertialen Zeitmaß ist (das etwa durch Atomuhren definiert ist). Dann gelten anstelle der NEWTONschen Bewegungsgleichungen die vereinfachten MACHschen Bewegungsgleichungen (27), und diese Bewegungsgleichungen liefern gemäß (24) die säkulare Beschleunigung.

   Der himmelsmechanische Ausdruck für die säkulare Beschleunigung ergibt sich so mit $\dot{\varphi} = \omega$ zu

$$\varphi = \varphi_0 + \omega_0 t' + \frac{1}{2}\left(\frac{\dot{\omega}}{\omega}\right)_0 \omega t^2 =$$
$$= \varphi_0 + \omega_0 t' + H_0 \omega_0 t'^2 . \tag{33}$$

   Hierbei ist

$$b = \frac{1}{2}\left(\frac{\dot{\omega}}{\omega}\right)_0 \omega_0 = H_0 \omega_0 \tag{33a}$$

   der Koeffizient der säkularen Beschleunigung.

2. Wir nehmen an, daß die unkorrigierten NEWTONschen Bewegungsgleichungen gelten. Dann ergibt sich die Säkularbeschleunigung daraus, daß das astronomische Zeitmaß (32) vom inertialen Zeitmaß abweicht. Ist Ω die Winkelgeschwindigkeit der Erdrotation, so ist die Säkularbeschleunigung des Mondes dann durch

$$\varphi = \varphi_0 + n\,\Omega_0 t' + \frac{n}{2}\left(\frac{\dot{\Omega}}{\Omega}\right)_0 \Omega_0 t'^2$$
$$= \varphi_0 + n\,\Omega_0 t' + b\,t'^2 \tag{34}$$

   gegeben, wobei n die (auf die Zeiteinheit bezogene) „mittlere Bewegung" des Mondes ist (s. POINCARÉ [17]).

IV. Änderung des Abstandes Erde—Mond

Aus der in § III hergeleiteten realen säkularen Akzeleration der Mondbewegung folgt aber über den Drehmomentsatz

$$r^2 \omega = h = \text{const}$$

eine säkulare Abnahme der Entfernung r Erde—Mond:

$$\frac{\dot{r}}{r} = -\frac{1}{2}\frac{\dot{\omega}}{\omega} = -H_0 . \tag{35}$$

Dies bedeutet, daß r gegenwärtig im Jahr um ein Bruchteil von der Größenordnung (0,5—1,0) $10^{-10}\,r$ abnimmt:

$$2\,\frac{\mathrm{cm}}{\mathrm{a}} \leqq -\frac{\Delta r}{\Delta t} < 4\,\frac{\mathrm{cm}}{\mathrm{a}} . \tag{35a}$$

Die DIRACsche Hypothese würde hingegen eine Zunahme von r um größenordnungsmäßig denselben Betrag verlangen:

$$2\,\frac{\mathrm{cm}}{\mathrm{a}} \leqq \frac{\Delta r}{\Delta t} \leqq 4\,\frac{\mathrm{cm}}{\mathrm{a}} . \tag{36}$$

Aus der DARWINschen Gezeitenreibung würde ebenfalls eine Zunahme des Abstandes r folgen, die jedoch gegenüber (36) vernachlässigbar klein ist, da sie durch

$$\frac{\Delta r}{r} = -2\,\frac{\Theta\,\Delta\,\Omega}{\pi\,r^2\,\omega} \qquad \begin{array}{l}\Theta = \text{Trägheitsmoment der Erde}\\ m = \text{Mondmasse}\end{array} \tag{37}$$

gegeben ist (POINCARÉ [17]).

Prinzipiell kann die säkulare Entfernungsänderung (35) oder (36) ((bzw. die angenäherte Konstanz der Entfernung Erde—Mond gemäß (37) durch Laser-Reflektoren geprüft werden, vorausgesetzt, daß langjährige Untersuchungen möglich sind, die die periodischen und zufälligen Schwankungen ausmitteln. Damit läßt sich auch zwischen der MACH-EINSTEIN-Doktrin, der DIRACschen Hypothese und der DARWINschen Gezeitenreibung experimentell entscheiden. —

Hierdurch wird eine der wichtigsten kosmologischen und allgemein physikalischen Fragen, die Gültigkeit der MACH-EINSTEIN-Doktrin, empirisch prüfbar.

Der Betrag der Akzeleration der Mondbewegung ist nicht sehr genau bekannt. Die korrespondierende — bei Gültigkeit des MACHschen Prinzips fiktive — Verlängerung des Tages könnte gemäß SPENCER-JONES [19]

$$\frac{\dot{T}}{T} \approx (1-2)\,10^{-10}\,a^{-1}$$

gemäß FRICKE aber sogar

$$\frac{\dot{T}}{T} \geqq 2 \cdot 10^{-10}\, a^{-1}$$

betragen. — Es besteht daher prinzipiell die Möglichkeit, daß zu der aus dem MACHschen Prinzip folgenden wirklichen Akzeleration noch ein kleinerer Beitrag tritt, der einer Tagesverlängerung durch Gezeitenreibung entspricht. Nach MUNK [16] könnte ein solcher Beitrag bis zu einem Drittel der gesamten Akzeleration reichen.

Würden wir aber annehmen, daß es eine Tagesverlängerung überhaupt nicht gibt, so bestimmte nach (24) die Akzeleration der Mondbewegung bereits eindeutig den heutigen Wert der HUBBLE-Konstante H_0 und — unter Zugrundelegung des linearen Weltmodells — auch bereits das Weltalter.[1])

[1]) Die auf Grund der DIRACschen Hypothese einer Abnahme der Gravitationskonstanten (JORDAN [13]) mit dem Weltalter durchgeführten Untersuchungen von P. JORDAN [14] und R. DICKE [1] über die Akzeleration der Mondbewegung sind gegenüber der im Text gegebenen sehr sophistisch: Bei einer Abnahme der Gravitationskonstanten folgt natürlich eine Dezeleration (Abbremsung) der Mondbewegung gemäß

$$\frac{\dot{\omega}}{\omega} = 2\frac{\dot{f}}{f} \approx -\,(0{,}5 - 1{,}0)\; 10^{-10}\, a^{-1}\,.$$

Um damit zu der tatsächlichen Akzeleration des Mondes zu kommen, wird von JORDAN und DICKE angenommen, daß diese Dezeleration durch eine Verlängerung des Erdtages, der zu einer scheinbaren Akzeleration führt, überkompensiert wird.

Diese Verlängerung des Erdtages ergibt sich aus der von JORDAN postulierten starken Expansion des Erdradiusses:

$$\frac{\dot{\varrho}}{\varrho} \geqq 1 \cdot 10^{-10}\, a^{-1}\,,$$

welche nach JORDAN eine Folge davon ist, daß — wie oben im Text gesagt — gemäß der DIRAC-Hypothese die Gravitationskonstante auch relativ zu allen anderen Kopplungskonstanten abnimmt, der Erdkörper also entlastet wird.

JORDANs Formel (s. (14)) für die Akzeleration in der Mondbewegung erklärt diese also als die kleine Differenz einer realen Dezeleration auf Grund der Abnahme der Gravitationskonstante

$$-\frac{\dot{f}}{f} \approx (0{,}5 - 1{,}0)\; 10^{-10}\, a^{-1}$$

und einer etwas größeren scheinbaren Akzeleration auf Grund der Expansion

$$\frac{\dot{\Omega}}{\Omega} = -\,\frac{2\,\dot{\varrho}}{\varrho}\,.$$

Die Konsequenzen der aus (11) folgenden säkularen Änderungen der effektiven Gravitationskonstanten

$$0{,}5 \cdot 10^{-10}\, a^{-1} = \frac{\dot{f}^*}{f^*} < 1{,}0 \cdot 10^{-10}\, a^{-1}$$

für die Himmelsmechanik sind mit der von I. SHAPIRO et al. [18] 1971 aus radarastronomischen Messungen hergeleiteten oberen Schranke für die säkulare Änderung von f, die aus den Bewegungen der inneren Planeten erschließbar ist, vereinbar. Unter der Voraussetzung, daß das statische SCHWARZSCHILDsche Linienelement diese Bewegungen bestimmt, findet SHAPIRO, daß

$$\frac{\dot{f}}{f} < (3 - 4) \cdot 10^{-10}\, a^{-1}$$

sein muß.[1])

---

[1]) Die neuerdings von den Paläontologen (J. E. WELLS (1966); BROSCHE und SÜNDERMANN (1971)) behauptete säkulare Abnahme der Tageszahl N eines Erdjahres T folgt auch bei einer konstanten Tageslänge $\tau = \tau_0$ aus der säkularen Beschleunigung der Oribitalbewegung der Erde gemäß

$$\left(\frac{\dot{\omega}}{\omega}\right)_{\text{Erde}} = 2\, H_0$$

Für die Jahreslänge finden wir so angenähert

$$T = T_0(1 - 2\, H_0\, \Delta t) > T_0 \quad \text{für} \quad \Delta t < 0\,.$$

Hierbai ist T_0 die heutige Länge des Erdjahres. Daher gilt mit der heutigen Länge des Erdtages $\tau = \tau_0$ und mit $N_0\, \tau_0 = T_0$:

$$N\, \tau_0 = T = T_0(1 - 2\, H_0\, \Delta t)\,,$$

d. h., die Tageszahl N pro Jahr T ändert sich gemäß

$$N = N_0(1 - 2\, H_0\, \Delta t) < N_0 \quad \text{für} \quad \Delta t < 0\,.$$

Die von WELLS u. a. angenommene Abnahme der Geschwindigkeit der Erdrotation gemäß

$$\frac{\dot{\Omega}}{\Omega} \approx -\, 2\, H_0$$

ergibt für die Tageslänge

$$\tau = \tau_0(1 + 2\, H_0\, \Delta t) < \tau_0 \quad \text{für} \quad \Delta t < 0\,.$$

Bei WELLS wird das Erdjahr konstant zu T_0 angenommen; daher gilt

$$N\, \tau = N\, \tau_0(1 + 2\, H_0\, \Delta t) = T_0\,,$$

Es sei noch bemerkt, daß die angenäherten Bewegungsgleichungen (25) ungültig werden, wenn — als Folge der Expansion des Kosmos

$$f^* \to \infty, \quad R \to \infty$$

gilt. Denn dann übertreffen die durch die lokalen Gravitationsfelder induzierten Trägheitseffekte im Sinne von FRIEDLÄNDER und EINSTEIN diejenigen der Kollektivwirkung des Kosmos (s. Abschn. II, § 5).

V. *Kosmogonie, Poincarés Theorem*

Die entsprechend dem MACHschen Prinzip durch die Expansion des Universums induzierten kleinen himmelsmechanischen und geodätischen Effekte werden zu solchen von der Größenordnung 1, wenn die betrachteten Zeiträume mit dem Weltalter vergleichbar werden. Mit dem Weltalter T vergleichbar ist das Alter des Sonnensystems.[1]) Dies bedeutet, daß z. Z. der Entstehung des Sonnensystems die gemäß (2) definierten trägen Massen jeder Partikel P_A vielleicht doppelt so groß waren wie heute oder, was dasselbe ist, der effektive Wert der Kopplungskonstante halb so groß war wie heute:

$$f^*\left(\frac{1}{2}\,t_0\right) \approx \frac{1}{2} f_0 \, .$$

Eine solche Vergrößerung der Trägheit hat natürlich kosmogonische Konsequenzen: Insbesondere war für einen gegebenen Radius ϱ und für eine gegebene Winkelgeschwindigkeit Ω das Drehmoment $m^* \varrho^2 \Omega$ eines endlichen Körpers (oder einer Teilchen-Wolke) doppelt so groß wie NEWTONsche Rechnung:

$$m^* \varrho^2 \Omega = \frac{9}{2} \frac{m f_0}{c^2} \frac{M}{R} \varrho^2 \Omega \quad (m = m_0 = \text{gravische Masse})$$

---

woraus für die Zahl der Tage im Jahr wiederum der obige Ausdruck

$$N = N_0(1 - 2\, H_0\, \Delta t) < N_0 \text{ für } \Delta t < 0$$

folgt. — Die paläontologischen Befunde werden daher durch die MACH-EINSTEIN-Doktrin auf dieselbe Weise erklärt wie durch die hypothetisch angenommene Gezeitenbremsung der Erde, denn es kommt ja nur auf das relative Verhältnis N von Jahreslänge T und Tageslänge τ an. — Daß tatsächlich die Umlaufgeschwindigkeit der Erde mit dem Erdalter anwächst, wurde aus geologischen Gründen zuerst von S. v. BUBNOFF (1949, 1954) behauptet.

[1]) Das Alter des Sonnensystems beträgt etwa $5 \cdot 10^9$ a. Das Weltalter braucht nicht größer als $10 \cdot 10^9$ a zu sein.

Da nun das Drehmoment in allen kosmogonischen Theorien eine entscheidende Rolle spielt, hat diese Feststellung kosmogonische Konsequenzen.

In der von ALFVÉN begründeten magnetohydrodynamischen Theorie der Entstehung des Sonnensystems spielt als Frühzustand die Herausbildung einer den Körper der Ursonne umgebenden dünnen Scheibe solarer Materie eine Rolle, aus der sich durch die von ALFVÉN untersuchten magnetohydrodynamischen Prozesse die Planeten gebildet haben. Diese Scheibe trägt im wesentlichen den Drehimpuls des primären Sonnensystems, genau so, wie jetzt der orbitale Drehimpuls der Planeten 98% des Drehimpulses enthält.

Es zeigt sich jedoch, daß der vereinigte orbitale Drehimpuls der Planeten (zusammen mit dem der Sonne) nicht ausreicht, um entsprechend der Theorie der Gleichgewichtsfiguren rotierender Flüssigkeiten die Herausbildung der primären Scheibe zu gestatten, vielmehr müßte der gesamte Drehimpuls der Ursonne etwa um den Faktor 8—10 0größer sein als der heutige Drehimpuls des Sonnensystems.

Nach F. HOYLE [10], der diese Schwierigkeit untersucht hat, ist diese Differenz teilweise dadurch zu erklären, daß das heutige Planetensystem nur noch ein Bruchteil der primären solaren Materie der Scheibe enthält und demnach auch nur einen Bruchteil ihres Drehimpulses. Beträgt die Gesamtmasse der Planeten heute $\mathfrak{M}_0$, so muß die Gesamtmasse der primären Scheibe $\mathfrak{M} \approx 10\, \mathfrak{M}_0$ betragen haben.

Ferner ist nun aber zu fordern, daß die primäre Elementzusammensetzung der Scheibe gleich der der solaren Materie war, und es ist praktisch ausgeschlossen, daß andere Elemente als Wasserstoff während der Bildung des Planetensystems vom Sonnensystem weggeströmt sind. Diese Forderung führt nun zu Schwierigkeiten mit der obigen Abschätzung. Nur wenn man mit HOYLE annimmt, daß die äußeren Planeten Uranus und Neptun keinen nennenswerten Prozentsatz Wasserstoff enthalten, findet man als möglichen Massen-Defizit

$$\Delta\mathfrak{M} \approx 7\, \mathfrak{M}_0 .$$

Anscheinend enthalten aber Uranus und Neptun ein wesentliches Quantum Wasserstoff, so daß der Prozentsatz der übrigen Elemente im Planetensystem stark absinkt. Man kommt zu dem Ergebnis, daß anstelle der obigen Gleichungen in Wahrheit eher $\Delta\mathfrak{M} > 4\, \mathfrak{M}_0$ für den Massen-Defizit gilt, also nur

$$\mathfrak{M} > 5\, \mathfrak{M}_0$$

betragen konnte, und dies ist zu wenig, um eine Scheibe herauszubilden (insbesondere dann, wenn — wie es kosmogonisch notwendig ist — gefordert wird, daß sich die Planetenscheibe bereits herausbildete, als der Radius der Ursonne noch das Vielfache des heutigen Sonnenradius betrug). Die Schwierigkeiten mit der Massen- und Drehimpulsbilanz lösen sich leichter, wenn man bemerkt, daß entsprechend dem MACHschen Prinzip das Drehmoment des Sonnensystems zur Zeit der Ursonne eventuell um den Faktor

$$\frac{R(t_0)}{R(1/2\, t_0)} \approx 2$$

größer war als der nach NEWTON berechnete Wert. Um damit das geforderte primäre Drehmoment zu realisieren, ist dann ein Massen-Defizit

$$\Delta \mathfrak{M} \approx 4\, \mathfrak{M}_0$$

nötig.

Es ist evident, daß der MACHsche Faktor $R(t_0)/R(t)$ für alle kosmogonischen Probleme bedeutungsvoll wird, bei denen die Trägheitskräfte der Rotationsbewegung eine Rolle spielen. Insbesondere lautet POINCARÉs Theorie (POINCARÉ [17]), JEANS [11]) für die Rotations-Stabilität entsprechend seiner Herleitung nunmehr

$$\frac{R(t_0)}{R(t)}\, \Omega^2 < 2\pi f_0 \bar{\sigma} \qquad (\bar{\sigma} = \text{mittlere Massendichte}) \qquad (38)$$

bzw. mit der effektiven Gravitationskonstante

$$\Omega^2 < 2\pi f^* \bar{\sigma}\,. \qquad (38\text{a})$$

Damit geht $R(t_0)/R(t)$ im selben Sinne einer Zunahme der Rotationsstabilität mit wachsendem Weltalter t auch in diese konkreten Stabilitätsbedingungen für rotierende Himmelskörper ein. (Unsere obige Überlegung bezüglich ALFVÉNs Kosmogonie ist eine spezielle Konsequenz dieser Modifikation des POINCARÉschen Theorems.)

Literaturverzeichnis

[1] H. Y. CHIU und W. HOFMANN, Gravitation and Relativity, New York und Amsterdam 1964

[2] G. H. DARWIN und S. S. HOUGH, Bewegung der Hydrosphäre, Encyklopädie d. math. Wiss. B VI. 1.6. Leipzig 1900

[3] G. DARWIN, Ebbe und Flut, 2. Aufl. Leipzig 1911

[4] A. EINSTEIN, Die Grundlage der allgemeinen Relativitätstheorie, Leipzig 1916
[5] A. EINSTEIN, Grundzüge der Relativitätstheorie, 5. Aufl., Berlin, Oxford, Braunschweig 1960
[6] A. EINSTEIN, Sammlung wissenschaftlicher Abhandlungen B I, Moskau 1965
[7] B. und I. FRIEDLÄNDER, Absolute oder relative Bewegung? Berlin 1896
[8] B. GUTENBERG, Internal Constitution of the Earth, New York 1951
[9] O. HECKMANN, Theorien der Kosmologie, 2. Aufl., Berlin, Heidelberg, New York 1968
[10] F. HOYLE, Das grenzenlose All, Köln und Berlin 1957
[11] J. JEANS, Astronomy and Cosmogony, Cambridge 1929
[12] H. JEFFREYS, The Earth 4. Aufl. London 1959
[13] P. JORDAN, Schwerkraft und Weltall, 2. Aufl. Braunschweig 1955
[14] P. JORDAN, Die Expansion der Erde, Braunschweig 1966
[15] E. MACH, Die Mechanik in ihrer Entwicklung, 9. Aufl., Leipzig 1933
[16] W. H. MUNK und G. J. F. MAC DONALD, The Rotation of the Earth, Cambridge 1960
[17] H. POINCARÉ, Hypothéses Cosmogoniques, Paris 1911
[18] I. I. SHAPIRO et al., Phys. Rev. lett. **26**, 27 (1971)
[19] H. SPENCER-JONES, The Rotation of the Earth, Handbuch der Physik Vol. **XL VII** Berlin, Heidelberg 1956
[20] H.-J. TREDER, Gerlands Beiträge **78**, 1 (1969)
[21] H.-J. TREDER, Gravitationstheorie und Äquivalenzprinzip, Berlin 1971
[22] H.-J. TREDER, Poincarés Relativität der Beschleunigung und die Mach-Einstein-Doktrin, Monatsberichte der D.A.W. zu Berlin (1972)

MIX
Papier | Fördert gute Waldnutzung
FSC® C083411

Zeitfracht Medien GmbH
Ferdinand-Jühlke-Straße 7
99095 Erfurt, Deutschland
produktsicherheit@kolibri360.de